水产养殖技术及发展创新研究

赵 静 刘 涵 张 凯 著

U0288357

中国原子能出版社

图书在版编目（CIP）数据

水产养殖技术及发展创新研究 / 赵静，刘涵，张凯
著. --北京：中国原子能出版社，2023.12
ISBN 978-7-5221-3249-5

Ⅰ．①水⋯　Ⅱ．①赵⋯ ②刘⋯ ③张⋯　Ⅲ．①水产养
殖　Ⅳ.①S96

中国国家版本馆 CIP 数据核字（2024）第 006666 号

水产养殖技术及发展创新研究

出版发行	中国原子能出版社（北京市海淀区阜成路 43 号　100048）
责任编辑	杨晓宇
责任印制	赵　明
印　　刷	北京天恒嘉业印刷有限公司
经　　销	全国新华书店
开　　本	787 mm×1092 mm　1/16
印　　张	13.25
字　　数	197 千字
版　　次	2023 年 12 月第 1 版　2023 年 12 月第 1 次印刷
书　　号	ISBN 978-7-5221-3249-5　　定　价　**72.00 元**

网址：**http://www.aep.com.cn**　　　　E-mail：**atomep123@126.com**
发行电话：**010-68452845**　　　　　　版权所有　侵权必究

前　　言

　　我国是全球水产业第一大国，水产品产量占全球的 40% 左右，其中海淡水养殖产量占总产量的 64%，约占全球养殖产量的 60%。我国海淡水养殖品种多样，是世界上养殖水产品种类最丰富的国家。随着水产养殖业在农业中的地位越来越重要，我国在原有水产养殖品种的基础上又引进了大量的国外新品种，进一步加快了水产养殖业的发展。

　　近年来，我国水产养殖理论与技术的飞速发展，为养殖产业的进步提供了有力的支撑，尤其表现在应用技术处于国际先进水平，部分池塘、内湾和浅海养殖已达国际领先地位。在水产养殖业迅速发展的同时，由于养殖面积无序扩大、养殖密度任意提高，带来了种质退化、病害流行、水域污染、养殖效益下降、产品质量不稳定等一系列令人担忧的新问题。加之近年来不断从国际水产品贸易市场上传来技术壁垒的冲击，我国水产养殖业的持续发展面临空前挑战。

　　进入新时代，树立新发展理念，坚持高质量发展、绿色发展成为全社会共识。水产养殖业绿色发展正处在一个新的起点上。2019 年，经国务院同意，农业农村部、生态环境部等 10 部委发布《关于加快推进水产养殖业绿色发展的若干意见》（农渔发〔2019〕1 号），对水产养殖业绿色发展进行规划部署。当前，无论从保障食品与生态安全、节能减排、转变经济增长方式考虑，还是从构建现代渔业、建设社会主义新农村的长远目标出发，都对渔业科技进步和产业的可持续发展提出了更新、更高的要求。

　　本书共分为五章内容，讲述了水产养殖技术及发展创新研究。第一章为

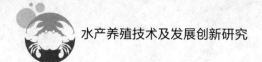

水产养殖简述，包括水产养殖的概念、水产养殖的原理、水产养殖的模式类型，以及水产养殖水域的生态学四部分内容；第二章介绍了水产养殖中的基本要素，包括水产养殖的水质指标、水产养殖的用水处理、水产养殖所需的营养与饲料、水产苗种培育的供给设施四部分内容；第三章为多样化的水产养殖技术，讲述了四部分内容，分别是鱼类养殖技术、贝类养殖技术、藻类养殖技术、虾类养殖技术；第四章主要介绍了水产养殖的结构优化，包括水库综合养殖的结构优化、淡水池塘养殖的结构优化、海水池塘养殖的结构优化三部分内容；第五章介绍了水产养殖业的创新发展，包括我国水产养殖业的发展现状、"互联网＋水产养殖"的发展策略、物联网技术在水产养殖业中的应用、生态养殖技术在水产养殖业中的应用。

在撰写本书的过程中，作者参考了大量的学术文献，得到了许多专家学者的帮助，在此表示真诚感谢。本书内容系统全面，论述条理清晰、深入浅出，但由于作者水平有限，书中难免有疏漏之处，希望广大读者批评指正。

目　　录

第一章　水产养殖简述

本章为水产养殖简述，包括水产养殖的概念、水产养殖的原理、水产养殖的模式类型，以及水产养殖水域的生态学四部分内容。

第一节　水产养殖的概念

一、水产业的含义

水产业又称渔业，包括捕捞业和养殖业。捕捞业是利用各种渔具（拖网等网具、延绳钓、标枪等）、船只及设备（探鱼器等）等生产工具，在海洋和淡水自然水域中捕获鱼类、虾蟹类、棘皮动物、贝类和藻类等水生经济动、植物的生产事业。捕捞业的主要组成部分是海洋捕捞。海洋捕捞业是我国捕捞业的主体，它具有距离远、时间性强、鱼汛集中、产品易腐烂变质及不易保鲜等特点，故需要作业船、冷藏保鲜加工船、加油船、运输船等相互配合，形成捕捞、加工、生产及生活供应、运输综合配套的海上生产体系。

二、水产养殖业的含义

水产养殖业包括海水养殖和淡水养殖，是集生物学与化学等理学、土建与机械及仪器仪表等工学、医学、农学以及管理学五大学科门类的现代化科学技术，综合利用海水与淡水养殖水域，采取改良生态环境、清除敌害生物、人工繁育与放养苗种、施肥培养天然饵料、投喂人工饲料、调控水质、防治

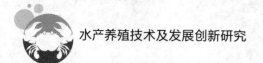
病害、设置各种设施与繁殖保护等系列科学管理措施，促进养殖对象正常、快速生长发育及大幅度增加数量，最终获得鱼类、棘皮动物、虾蟹类、贝类、藻类，以及腔肠动物、两栖类与爬行类等水产品的生产事业，并保持其持续、快速和健康的发展。

水产养殖业是水产业（渔业）的主要组成部分，也是农业的重要组成部分。21 世纪的农业将由传统的淀粉农业逐步转变为淀粉与蛋白质并重的现代农业，特别是随着人类食物营养结构的优化及蛋白质比例的不断提高，动物性蛋白质在农产品中的比例必然会不断增大。水产养殖业的产品是人类食品的优质蛋白质，又是一条快速、高效增加水产资源的重要途径。因此，水产养殖业是 21 世纪具有重大发展潜力的第一产业。

三、水产养殖业的经营方式

（一）粗放型

粗放型经营方式包括淡水湖泊渔业开发、水库渔业开发和海水港湾养殖。其主要特点是水域较大，养殖生态环境条件不易控制，苗种的放养密度小，一般不施肥、不投饵，人工放养对象主要依靠天然肥力与饵料生物进行生长发育，人工调控程度较低，管理措施较粗放，因此，单位水体产量与经营效益较低。

（二）精养型

精养型经营方式的代表是我国传统池塘养殖模式，即静水土池塘高产高效养殖方式。水域面积或体积较小，养殖生态环境条件较好且易控制，苗种放养密度大，人工施肥与投饵，养殖对象主要依靠人工肥力与饲料进行生长发育，人工调控程度较高，管理措施较精细，单位水体产量与经营效益较高。

（三）集约型

集约型经营方式包括围栏养殖、网箱养殖和工厂化养殖。前两者的生态环境条件好，即围栏和网箱内的水体与外界相通，人工投饵，放养密度大，产量高；后者在室内进行养殖生产，水体流动、循环使用，节约用水也不污染水域环境，占地面积少，养殖优质水产动物，单位水体放养量大、产量高，养殖周期短，设施及技术措施的现代化和自动化程度高，生产方式工厂化，人工调控程度高，管理措施精细，是一种高投入与高产值的生产方式。

水产养殖业与农业的性质相似，同属于第一产业，但由于它是在水域中进行养殖生产活动，养殖的对象又具有独特的生物学特性，而且其生产方式以及关键技术与难度等，都与种植业、畜牧业有很大不同，因此，具有鲜明的特色。水产养殖业与农业、林业，以及机械、电子、建筑、饲料等工业有密切联系；与国民经济其他行业相比，其投资较少，周期较短，见效较快，效益和潜力都较大。

第二节　水产养殖的原理

一、水产养殖中的资源再利用

通过养殖生物间的营养关系实现养殖废物的资源化利用是综合养殖依据的最重要原理。1100 年前在我国出现的稻田养草鱼就是通过水稻和草鱼间的营养关系实现养殖废物资源化利用的范例。近来的研究表明，稻田养鱼系统中存在多种互利关系。

我国传统的草鱼与鲢鱼混养也具有这样的功能。以草喂草鱼，草鱼残饵和粪便肥水养鲢鱼，鲢鱼又通过滤食浮游生物，进而起到控制、改善水质的作用。

李德尚（1986）认为综合养殖的生态学基础之一是生产资料的高效益综

合利用①。在综合养殖中，投入的生产资料主要是饲料和肥料。例如，在水库综合养殖中，饲料首先为网箱养殖鱼类和鸭群所利用，残饵和鱼、鸭粪便散落水中，又为网箱外的杂食性和滤食性鱼类所利用。最后，残饵和粪便分解后产生的营养盐又起到了施肥作用，进一步加强了滤食性鱼类的饵料基础。

在海水养殖方面，我国大规模开展的海带贻贝间养也是基于它们间的营养关系。海带的脱落物和分泌物可被贻贝滤食，贻贝的排泄物又可被海带吸收。对虾与缢蛏混养、对虾与文蛤混养等也是依据这样的原理。饲料首先被对虾利用，其后残饵和粪便又部分地被滤食性贝类利用。最后，残饵和粪便分解后产生的营养盐又起到了施肥作用，进一步增加了滤食性贝类的饵料基础。海水池塘"虾+青蛤+江蓠"综合养殖将养殖生物间的营养关系完美利用。当然，如果再加底栖沉积食性的动物后效果也许会更好。

在我国，目前流行的具有废物资源再利用功能的综合养殖模式还有许多种，如"罗非鱼+对虾+牡蛎+江蓠"分池环联养殖系统，"鱼+鸭""鱼+畜""鱼+菜"等综合养殖系统。

西方国家开展的"鱼+滤食性贝类+大型海藻"综合养殖，东南亚一些国家开展的"贝+虾""鱼+虾""藻+虾"综合养殖等，都具有将其中一种养殖生物的副产物（残饵、粪便等）变为另一生物的输入物质（肥料、食物等）的共同特征。

二、现代水产养殖的其他原理

在我国还有一些基于其他原理的现代综合养殖模式。例如，池塘中套养网箱或网围。养虾池塘中用网隔离混养罗非鱼，既可避免罗非鱼抢食优质的对虾饲料，又可发挥罗非鱼对水质的调控作用，结果对虾、罗非鱼双丰收。另外，养鲤科鱼类的池塘中套网箱养殖泥鳅的经济效益也十分可观。

---

① 吕富. 现代水产养殖技术的创新研究与应用 [M]. 成都：电子科技大学出版社，2018.

还有一类流行的现代综合养殖模式是混养滤食性鱼类。例如，罗非鱼、鲢等滤食性鱼类与虾类混养就是利用滤食性鱼类来调控水质，并达到防病、增产的目的。

还有一类现代综合养殖模式是吃活饵的鱼类与饵料鱼同池混养。鳜是高档名贵鱼类，主要摄食活鱼。因此，有些地方在鳜养殖池塘配养小规格鲢、鳙、鲤的鱼苗，供鳜食用。管理上人们仅为配养的鱼苗培育饵料或提供饲料。再如，中国有些地方在家鱼亲鱼培育池中混养凶猛的鳜，以消灭与家鱼亲鱼争饵料的小杂鱼，也属于此范畴。

以上是我国现代综合养殖依据的主要生态学原理，依据此原理建立的现代综合养殖模式或类型都具有对投入的资源利用率高、对环境不良影响小、经济效益较高等特点。

一个养殖水体中产量或产值最高的养殖生物经常被称为主养生物，综合养殖中与之混养的生物可称为工具生物。有时，一个养殖水体中主养生物可以有若干个。综合水产养殖中的工具生物经常既是经济生物，同时又可起到调控、改善养殖系统水质、底质，减少养殖系统污染物排放的作用，是提高养殖效益和生态效益的生物。目前常用工具生物主要包括大型水生植物、沉积食性海参、滤食性鱼类和滤食性贝类等。

第三节　水产养殖的模式类型

世界各地的水产养殖模式千姿百态，各不相同，没有统一的标准。如根据水的管理方式可分为：开放系统（open-system）、半封闭系统（semi-closed system）、全封闭系统（closed system）。若根据养殖密度则可分为：粗养模式（extensive culture）、半精养模式（semi-intensive culture）、精养模式（intensive culture）。而根据养殖场所处地理位置则可以分为：海上养殖、滩涂养殖、港湾养殖、池塘养殖、水库和湖泊养殖以及室内工厂化养殖等。本节以水的管理方式来分别介绍养殖系统和模式。

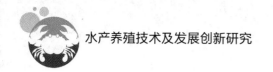

一、开放系统

这是一种最原始的养殖方式，直接利用水域环境（海区、湖泊、水库）进行养殖。港湾纳苗、滩涂贝类、浮筏牡蛎、网箱鱼类养殖都属于这种方式。最主要的特点是养殖过程中不需要抽水、排水，因此这种养殖方式优缺点都很明显。其优点是：（1）不需要在养殖海区、湖泊中抽、排水；（2）无需购买土地，一般租用即可，成本较低；（3）一般不需人工投饵，节约费用；（4）水域内养殖密度低，接近自然状态，疾病少；（5）管理人员少，对管理技术要求较低。

但开放式养殖也有其不可忽视的不足：（1）敌害生物或捕食者和偷猎者较多，不易控制；（2）水质条件受环境因素影响较大（如污染、风暴），人为难以调控；（3）养殖密度较低，因而产量较低，且不稳定（网箱养殖因人工投饵除外）。

（一）开放系统养殖需要注意的事项

1. 注意清除水产品的天敌

对于偷猎者的防范超出了本书内容范围，只想讨论一下在开放式养殖系统中如何防治捕食者。首先可以考虑离开地底，如牡蛎、贻贝、扇贝、鲍等，利用浮筏、笼子将养殖生物脱离底层，可以有效避免同样是底栖生活的海星、海胆、螺类等敌害生物的捕食侵害。其次可以设置"陷阱"，如在养殖水域预先投置水泥、石块，吸引藤壶附着、繁殖，让螺类等敌害生物转而捕食它们更喜欢的藤壶，也可有效提高牡蛎、鲍的存活率。在一些底栖贝类如蛤、蚶养殖地周围建拦网，可有效防止蟹类、鱼类的捕食侵害。海星是许多贝类的天敌，在一些较浅的海区，可以人工捕捉。杀灭海星可以用干燥或热水浸泡的方法，千万不能用剪刀剪成几瓣后又扔进海里。海星的再生功能很强，仅有 3～4 条腿的海星也同样可以捕食贝类。在深水区海星密集的地方，则可以用一些特制的拖把式捞网捞取海星，并用饱和盐水或热水杀死。

有些贝类捕食者如蓝蟹、青蟹、梭子蟹以及一些肉食性螺类本身就是价值很高的水产品，因此可以通过人工捕获，既保护养殖贝类，又收获水产品，一举两得。

生石灰（CaO）对海星的杀灭效果很强，只需少量就可致死，但使用时要注意水流，因为海浪、水流可以轻易冲走它。利用化学药品控制捕食者需要相当谨慎，只能在局部区域使用，否则弊大于利，捕食者未控制，而生态环境遭破坏，其他生物先遭难。

2. 选择适合的养殖场地

确定某个水域是否适合水产养殖，首先是观察当地野生种群生长情况，比较同一种类在不同水域的生长速度，并适当进行小规模试养，从而决定是否进行养殖。其次，针对不同养殖种类，必须考虑地理、地质条件，如蛤、蚶、蛏喜欢泥底，而牡蛎、贻贝、鲍等喜欢岩礁硬底质。对于海水养殖来说，潮水是另一个必须考虑的重要因素。对于筏式养殖，水深很重要，低潮时，要确保养殖笼、绳不会塌底。潮流强度需要适中，太弱则无法给养殖生物带来足够的浮游生物为食，也不利于把一些养殖生物排泄物带离养殖区；太强则可能冲垮养殖设施，也不利于人工管理。另外需要考虑养殖地交通是否便利、生活条件是否具备、产品销售渠道如何等。

（二）开放系统的分类

1. 网箱养殖

网箱养殖可能来源于最初在港湾、湖泊、浅海滩涂上打桩，四周用绳索围栏的方式，这种简单原始的养殖方式至今仍有人用来养殖一些鱼类。现代网箱养殖业就是受这种养殖方法的启发，使固定在底部的网箱浮起来，走向深水区，并逐步发展流行，尤其在如北美、欧洲、中国、日本等沿海国家或地区。欧洲主要养殖鲑、鳟鱼类，北美以养殖鲇鱼为主，而中国和日本等东亚国家养殖种类较多，一般多以名贵鱼类为主，如大黄鱼、鲷鱼、石斑鱼等。中国内陆湖泊、水库网箱养殖也很盛行，养殖种类有草鱼、鲤鱼、黄鳝等淡水鱼类。网箱同样可以养殖无脊椎动物，如蟹类、贝类等。中国沿海盛行的扇贝笼养其实也是一种小型网箱养殖。

网箱形状多为圆形或者是矩形，网箱大小根据养殖种类、企业自身发展要求和管理能力各不相同，小的几立方米，大的可达几百立方米，比较常见的规格为 20～40 m³，如中国福建大黄鱼的网箱规格多为 3.3 m×3.3 m×4 m。大网箱造价较低，但管理和养殖风险也较高，一旦网箱破损，鱼类逃跑，损失巨大。有的网箱表面加盖以防止鸟类侵袭。一般网箱养殖需要租用较大的养殖水面。

虽然网箱的成本较高，而且使用期限也不长（一般不超过 5 年），加之经常需要修补，管理技术要求也相对较高，但优点也很突出。首先网箱养殖最适宜那些运动性能强的游泳生物养殖，而且捕获十分方便，即需即取，几乎可以 100% 收获。其次养殖密度比池塘高得多，只要网箱内水流交换畅通，就可以大幅度提高养殖密度，如日本、韩国的黄尾鰤养殖，密度可达 20 kg/m³。

网箱由三部分构成。（1）箱体：有框架和网片。（2）浮子：使网箱悬浮于水中。（3）锚：固定网箱不致被水流冲走。

网片由结实的尼龙纤维（聚乙烯、聚丙烯）材料编织而成。网目大小依据养殖对象的个体大小设定。一般网箱为单层网，有的网箱加设材料更为结实的外层网，既保护内网破损，又防止捕食者侵袭。网箱的顶部通常加盖木板，或直接覆盖网片，两者都需设置投饵区。颗粒饵料在水中下沉很快，如果不及时被鱼摄食，就会从底部或边网流走。因此投饵区不要设在紧贴边网处。

网箱养殖最易遇到的问题有以下几点。

（1）各种海洋污损生物容易附着在网箱上，增加网箱的重量，同时降低网箱内外水的交流速度，影响水质。

（2）海水对网箱金属框架的腐蚀损坏。

（3）紫外线对塑料材质的腐蚀损坏。

（4）海浪或海冰对网箱的破坏。

为解决上述问题，材料上现多改用玻璃钢框架加铜镍网，造价可能高些，一次性投资较大，但耐腐蚀、不易损坏、寿命长，长远看比较经济合算。

制作浮子的常用材料是泡沫聚苯乙烯，这种材料既轻又便宜，而且经久耐用，不易被海水腐蚀。一般小网箱的浮子用塑料球即可，而大网箱则需用较大的浮筒，有的甚至用充气的不锈钢筒。

一些特别大的网箱上设有悬浮式走道，便于管理者投饵和捕获。

网箱的底部必须与水底有足够的距离，防止鱼类直接接触水底沉积的残饵、粪便等废弃物，因此网箱养殖一定要选择有足够水深的区域。网箱的顶部以稍微露出水面为宜，不能太多，否则会降低网箱的有效使用率。

网箱通过锚固定在某一区域，根据风浪、底质等不同情况来选择锚的重量，要充分估计风浪对网箱的冲击力量，保证网箱不被轻易冲走。有条件时网箱也可以几个一组，直接用缆绳固定在码头、陆地某个坚固物体上。通常网箱在水面上成排设置，便于小船管理操作。网箱成排设置一般不能过多，否则，水流不畅，影响溶解氧和废水交换，降低养殖区域内的水质。淡水湖泊、水库中水流、风浪较小，网箱更不能设置太密。

多数网箱养殖集中在海湾、近海，主要是因为管理方便，网箱容易固定。但海湾、近海水域往往也是交通繁忙、人类活动频繁、水质污染较严重的地方。因此网箱养殖的发展方向是向远海深水区发展，其水质稳定、污染小，鱼类成活率高。当然远海深水养殖管理要求高，风浪冲击危险大。

2. 筏式养殖

除了大型海藻海带外，筏式养殖主要对象是贝类，尤其是双壳类。贝类原先栖息在底层，现移至中上层。滤食性贝类的主要食物是浮游植物，而它们主要分布在水的中上层，筏式养殖使贝类最大程度地接触浮游植物，十分有利于其摄食，而且成功逃避了敌害生物的侵袭，同时增加了水体利用率，从原有的二维空间变为三维空间。筏式养殖的收获也比较方便。筏式养殖因为养殖种类不同可分为长绳式、盘式、袋式、笼式等，其基本组成如下。

（1）筏：可以是泡沫塑料、木板、玻璃钢筒等。

（2）绳：尼龙绳，长短粗细不一，根据需要设置。

（3）盘、袋、笼：用聚乙烯网片等材料制成，垂直悬挂在水中。

笼式主要用于扇贝养殖，人工培育或海上自然采集的幼苗长到 1～3 cm 后，置于笼中悬挂养殖，养殖中期根据贝类生长情况还可再次分笼。绳式或袋式较多用于牡蛎、贻贝养殖，或者扇贝幼体采苗。与绳式类似，袋式是将一些尼龙丝编织成的小袋固定在绳上，主要是为了增加贝类幼体的附着面积。许多贝类的繁殖时间和区域比较固定，可以根据这一特点，提前将绳、袋悬挂在水中自然纳苗。采苗结束后，视情况可以将浮筏移动至养殖条件更好的海区。

绳式、袋式等贝类养殖到后期，由于养殖生物个体长大，重量增加，容易使养殖绳下垂，直接接触底部，甚至拉垮整个筏架，这就需要养殖前考虑筏架的承重程度以及水的深度。排架式筏式养殖可避免筏架垮塌。在海区打桩，在桩与桩间连接浮绳，贝类可以在桩和绳上附着生长。

盘式养殖类似笼式养殖，可根据养殖生物的大小不断调整，底部可以是网片，也可以是板块，根据需要甚至可以在盘底铺设沙子，以利于一些具埋栖习性的贝类等生长。

3. 开放式养殖的管理

开放式养殖因借助了天然水域的水和饵料，管理成本较低，但并非不用管理，任养殖动物自由生长。管理方法得当与否，效果差异极其显著。网箱养殖不用说，其管理难度甚至超过半开放模式。筏式养殖、滩涂养殖同样需要科学、精心的管理。如筏、架的设计、安装、固定，苗种的采集、培育，养殖动物生长中期笼、绳的迁移，养殖动物密度调整以及网、笼污损生物的清除等对于养殖的成功都是至关重要的。

二、半封闭系统

半封闭系统是最常见的养殖模式，是近几十年来国内外最普遍、最流行的养殖模式，是欧美、东南亚各国以及我国水产养殖所采用的主要模式，适合大多数水产动物的养殖。养殖水源取自海区、湖泊、河流、水库以及水井等。多数养殖用水从外界直接引入，直接排出，有的部分经过一些理化或生态处理重新回到养殖池，循环利用。比起开放式养殖系统，半封闭模式人工调控能力极大增强，因此养殖产量也比开放式模式高得多，而且稳定。其主要特点是：（1）水温部分可控；（2）人工投喂饲料，提高养殖密度；（3）水质、水量基本可控；（4）可增添增氧设施；（5）发生疾病在某种程度上可用药物治疗，敌害生物可设法排除；（6）投资较高，管理要求和难度较大；（7）养殖密度大，动物经常处于应激状态，容易诱发疾病，防治难度大。

（一）养殖场地的选择

半封闭系统养殖的场地选择取决于在什么地方、养殖什么生物、如何进行养殖。根据地形地貌的不同，养殖池塘建设通常有筑坝式、挖掘式和跑道式（水道式、流水式）等。

场地选择首先考虑的是水源，包括水质和水量。如果水源不能持续供应，则应该有适当的措施如蓄水池等。总之，水源相对紧缺的地区开展水产养殖，要综合考虑养殖用水对其他行业和居民生活的影响。而水源过于充足的地区同样会带来不利影响，如暴雨、洪水、融冰等都应视为问题加以考虑。对于半封闭养殖系统来说，排水也是一个十分重要的问题，尤其是水污染越来越严重的今天。各地政府对于水产养殖排水都有不同的要求和政策，因此在开展生产之前，必须全面细致了解当地的有关政策条例，以便未来的生产能顺利进行。

场地选择另一个需要考虑的是养殖场所处的位置。交通、生活是否便利，能否顺利招收就业工人，该行业在当地的受重视程度，当地对水产养殖产品销售的税收政策，甚至养殖场的安全等，都能直接或间接影响水产养殖的正常开展。

池塘养殖的底质十分关键，应该以泥为主，确保养殖池能存水，池水不会从堤坝或池底渗漏。因此在养殖池建设之前需要经过有经验的土壤分析师

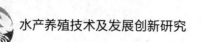

检测。另外还应考虑土壤是否受到过污染，其析出物对养殖生物是否有害。当然考察当地自然栖息的水生生物也是评价是否适合水产养殖的直观、有效的方法。

鸟类等捕食者的侵害也是选址需要考虑的因素之一。有的地方（如海边），海鸥等鸟类常常成群结队盘旋在养殖池塘上空，一旦发现有食可捕，便会找来更多的同类。一些生物虽不会直接捕食养殖生物，却间接影响生产，如蛇、蟹类打洞破坏堤坝，蛙类、龟类与养殖生物竞争池塘鱼类的养殖空间、氧气和食物。

（二）跑道式流水养殖模式

跑道式流水养殖是 20 世纪末欧美国家首先兴起的一种半封闭系统养殖模式。其特点是养殖池矩形，宽度较窄，而长度较长，通常水深较浅，正如名称所言，水在养殖池中快速通过，水一端流进，从另一端流出。由于在该系统中的水流交换远高于普通池塘养殖，因此其单位产量也可以相对提高。但在这种流水式环境中，密度增加也是有限的，一旦生物在高密度养殖环境中，维持运动消耗的能量超过了用于其自身的增长，产量增长就达到极限了。跑道式流水模式最初用于养殖鲑、鳟鱼类等对水质要求较高的鱼类，后来也普遍用于鲇鱼等其他品种，也可以养虾。流水系统的关键是流速，而流速取决于水温、养殖密度、投饵率等。理想状态是整个养殖系统通过水的不断流动能够自身保持洁净，但实际操作起来还是有困难，因为过大的流速需要消耗大量电能，而且也会导致养殖生物处于应激状态。因此水流速度应该调整到水从养殖池一端流向另一端时，水质能基本稳定，尤其是到末端时，仍能达标。

流水式养殖优点还是很明显的，一是密度大，产量高；二是因为养殖面积较小，所以投喂、收获等管理较方便；三是因池水浅、水流快，水质明显比池塘好，出现问题容易被发现和处理。这一模式的缺点也很突出，就是维持又大又快的水流所导致的能耗费用。为解决水泵耗能问题，降低费用，设计了一种阶梯式流水养殖模式（图1-3-1）。将几个养殖池设计排成系列，形成阶梯式（瀑布式）落差，水从最高位池子进，利用重力作用，自然流到第二、第三以及后面的池中。各个池子间的高度差取决于流水的速度需要以及养殖生物对水质的要求。落差越大，流速越快，但建设难度和成本也越高。这种模式的主要弊端是水流经过一系列养殖池，越到后面的池子，水质越差。养殖密度越高，问题越严重，除非流速足够。一旦一个养殖池发生疾病，整个系列池子都被波及，无法隔离。

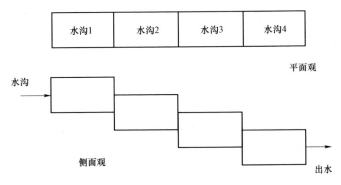

图 1-3-1　阶梯式流水养殖模式示意图

　　与阶梯式流水模式不同的是平行式流水模式。所有跑道式养殖池平行排列，各自从同一进水管进水，排出的水又汇总至同一条排水管。虽然进水总管的进水量相当大，但却可以有效避免阶梯式流水模式的弊端。

　　还有一种称为圆形流水模式，它与上述两种模式不同之处是水从养殖池流出后并不直接排出系统，而是在系统中循环较长一段时间。这种模式与圆形水槽相似，所不同的是流水式模式水较浅。它适宜养殖藻类，因为光合作用的需要，浅而且流水更适宜单细胞藻类的大规模培养。这类养殖池的池壁通常用涂料刷成白色，更有利于池底部反光，增加水中光强。

　　跑道式流水养殖池一般用水泥建筑，也有用土构建的，但由于水流速度较大，池壁容易冲垮，因此如果用土构筑，最好用石块等加固池壁。木板、塑料、玻璃钢等材料也可以用，但规模较小，适宜在室内及实验室科学研究用。

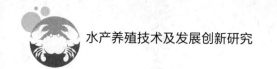

还有一种流水式养殖模式称为垂直流水模式，在垂直置立的跑道式养殖池中间设置一根垂直进水管，水从顶部压入，接近底部时，从水管的筛网中溢出，带动池水从底部往上层运动，并从接近池顶部的水槽溢出。

（三）池塘养殖模式

池塘养殖是半封闭模式使用最广泛的一种。与跑道流水式养殖模式相比，池塘养殖换水要少得多，一般也较少循环使用。由于换水量小，缺少流动，容易导致缺氧。而且池塘水较深，在夏季养殖池塘水体可能分层，更容易造成底部缺氧，因此，池塘养殖一般需要配备增氧机。

养殖池可以直接在平地挖掘修建，但更多的是筑坝建设。养殖池形状没有规定，任何形状的池塘都可以进行养殖。但一般都是建成长方形，长宽比例一般为（2～4）：1。长方形池塘建筑方便，不浪费土地。有些大型养殖池能够依地势而建，如某些海湾、山谷，只需筑 1～2 面坝就成了（类似于水库），可以降低建池费用。理想的养殖池，进水和排水都能利用水位差的重力作用自然进行，但在实际生产中，往往既充分利用重力作用，也配备水泵以弥补不足。多数是进水利用水泵，而排水则利用水位差自然排放。

养殖池深度各地相差较大，一般不低于 1.5 m，多数有效水深为 1.5～2 m，北方寒冷地区越冬池水深需要 2.5 m 以上。坝体主要由土、水泥、石块砌成。如果是土坝，则坝体须有（2～4）：1 的倾斜度（坡度），具体坡度依据土质结构稳定性来确定。若用石块、水泥建堤坝，则坝体可以垂直，以获得最大程度的养殖空间。池底也应有一定的倾斜度，以便排水时，能将池中水排净。但倾斜度不宜过大，否则排水时，会因水流太急，冲走池底泥土。有的养殖池在排水口设有一个下凹的水槽，以利于在排水时收集鱼类等水产品。水槽不能太小，否则会导致过多的鱼虾集中在水槽中遭遇挤压或缺氧死亡。较大的养殖池底部一般会设置两条横直交叉、相互贯通的沟渠，也称底沟，以便于池水的最后阶段排干，以及排水后池底能迅速干燥，方便进行底部淤泥污染物清理整治。

池坝高度一般不超过 4～5 m。池坝最重要的是牢固，能够承受池水对坝的压力，同时坝体要致密不渗水，因此建坝所用的泥土十分关键，最好采用具有较好黏性的土壤，而含砂石多的、富有有机质的泥土尽量不用。如果当地无法提供足够的黏性土壤，则必须在坝的中间部分建一个 15～20 cm 的防渗隔层（图 1-3-2），以防止池水从池内渗透，甚至导致溃坝。防渗隔层常用水泥建筑。

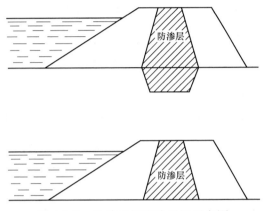

图 1-3-2　池塘堤坝防渗隔层示意图

如果养殖池较小，也可以直接在池坝内层和底部铺设塑料薄膜（复合聚乙烯塑胶地膜）防止池水渗透。沿海一些沙滩区域由于缺少黏性泥土，常用此方法解决渗透问题。但由于紫外线等原因，塑料薄膜的使用寿命较短，一般 2～3 年就需更换，增加了养殖成本。

坝体外层适宜植草覆盖，而不宜种树，以免树根生长破坏坝体。内层自然生长的水生植物一般对堤坝没有特别的影响，而对养殖生物则有一定的作用，如直接作为食物或作为隐蔽场所。但养殖池内水生植物过于茂盛就不利于养殖，影响产量，也不利于捕获，需要人工适当清除。池塘进排水的部位易受水的冲击，通常有护坡设施，如水泥预制板、砖石块、直接混凝土浇制，或者铺设防渗膜等，但护坡多少会影响池塘的自净功能，因此只要池塘不渗漏，护坡面积不应过大。

坝顶的宽度以养殖作业方便舒适为标准，一般要能允许卡车通行。坝顶的宽度与坝高也有关系，通常坝高 3 m 以内，坝顶宽 2.5 m 为宜，若坝高达 5 m，坝顶宽则需 3.5 m 以上。

一般池塘设有两个闸门，设置在池塘两端，一为进水，另一为排水。闸门的大小结构与池塘大小相关，池塘越大，闸门也越大。开关进排水闸门可以利用水位差达到进排水的目的。有的小型养殖池仅有一个排水口，用于排水和收获水产品。进水主要靠水泵。

池塘整体布局根据地形不同，常有非字形、围字形等。与池塘整体布局相关的是进排水渠道的规划设计。应做到进排水渠道独立，进排水不会相互交叉污染（图 1-3-3）。养殖池规模大，根据需要进水渠可分进水总渠、干渠、支渠。进水渠道有明渠和暗渠之分。明渠一般为梯形结构，用石块、水泥预制板护坡。暗渠多用水泥管。渠道断面设计应充分考虑总体水流量和流速。渠道的坡度一般为：支渠 1/1 000～1/500，干渠 1/2 000～1/1 000，总渠 1/3 000～1/2 000。

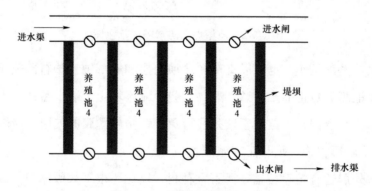

图 1-3-3　养殖池塘整体布局

排水渠道一般是明渠，也多采用水泥板等护坡，排水渠道要做到不积水、不冲蚀、排水畅通。因此，排水渠要设在养殖场的最低处，低于池底 30 cm 以上。

三、全封闭系统

全封闭系统是指系统内养殖用水很少交换甚至不交换，而要进行不间断完全处理的养殖模式。这种模式的主要特点是：（1）只要管理得当，养殖密度可以非常高。（2）温度可以人工调节，这在半封闭系统中很难做到。（3）投饵及药物使用效率高。（4）捕食者和寄生虫可以完全防治，微生物疾病也大大减少。（5）由于用水量很小，不受环境条件的影响，可以在任何地区一年四季开展生产，而且对周边生态环境影响极小。（6）由于能提供最佳生长环境，养殖动物生长速度快，个体整齐。（7）收获方便。

但是，这种模式的弊端也十分显著。首先，封闭系统的养殖用水需要循环重复使用，而且养殖密度极高，这就需要水处理系统功能十分强大、稳定，管理技术要求相当高，而且需要水泵使系统的水以较高速度运转循环；其次是整个系统为养殖生物提供了一个最佳生活状态，但同时对于病原体来说，也同样获得了最佳生活条件，一旦有病原体漏网，进入系统，就会迅速繁殖，形成危害而来不及救治；最后，整个系统依赖机械系统处理水，其设备投资和管理费用也相当昂贵。所以尽管全封闭养殖模式理论上看很好，但实际应用受限非常大，不容易为中小企业所接受，更多地被一些不以追求经济效益为目的的科研院校实验室所使用。20世纪主要在欧美国家试行，并未得到真正生产意义上的应用。

进入21世纪，我国北方沿海进行鲆鲽类养殖，由于养殖种类的生态习性的适应性及工程技术和管理技术的进步，这种全封闭系统才得到广泛普及，产生了很好的经济效益。当然很多企业的水处理系统仍跟不上要求，只好通过增加换水量来弥补，距严格意义上的全封闭系统尚有一定距离，但从环境和经济效益综合考虑，这是比较合理的一种选择。

全封闭系统的核心是水处理，如德国一个 50 m³ 的系统，真正用于养殖的水槽只有 6 m³，而其余 44 m³ 用于处理循环水。6 m³ 养殖水槽可容纳 1.5 t 的鱼，半年内，可将 10 g 的鲤鱼养到 500 g，年产量可达 8～9 t。上海海洋大学一个 50 m³ 的系统养殖多宝鱼，一年可养殖两茬，产量可达 10～20 t。山东省大菱鲆的养殖密度可达 40 kg/m²，一般幼鱼放养 80～150 尾/m²，成鱼放养 20～30 尾/m²，生长速度一年达 1 kg。

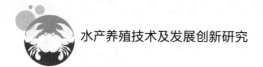

全封闭系统是在水槽中进行的（半封闭系统也广泛使用水槽），无论是养殖还是水处理。水槽通常用水泥、塑料或木头制造。每一种材料都有各自的优缺点。

（1）水泥：坚固耐用，可以建成各种大小、形状，表面很容易处理光滑。缺点是不易搬动，一般只能固定在某一位置上。

（2）木头：木质水槽操作方便，体轻容易搬动，但不够坚固，抗水压能力差，体积越大，越容易损坏，一般需要在外层用铁圈加固。由于常年处在潮湿环境中，木头容易腐烂，因此需要用环氧树脂、纤维玻璃树脂等涂刷，以增加牢固性，防止出现裂缝渗漏。

（3）塑料：一般用的是高分子聚合物，如纤维玻璃、有机玻璃、聚乙烯、聚丙烯等材料。这些材料制成的水槽轻便、牢固，所以被广泛采用。

水槽的形状一般多为圆柱形（水泥槽/池多为长方形），底部或平，或圆锥形。平底水槽使用较多，因为可以随意放置在平地上，而锥形底部的水槽需要有架子安放。锥形水槽的优点是，养殖时产生的废物都会集中在底部很小区域，便于清理。圆形水槽中水的流速、循环和混合都比长方形的好。圆形水槽另一个优点是鱼类（尤其是刚放养的）不会聚集在某一个区域，造成挤压或导致局部缺氧。而长方形水槽的优点是比较容易建造，且安放时比较节约地方。因此水泥水槽大多建成长方形或圆形。

封闭系统的进排水系统基本采用塑料管，通常进水管在水槽上方，排水管在下方，也可以根据整体安放需要都安置在下方或上方，每个水槽进水都通过独立水阀调节。有的在水槽中央设置一根垂直水管，水从顶部进入，到中部或底部通过小孔溢出，有助于水的充分混合。

四、非传统养殖系统

除上述 3 种养殖系统外，在实际生产过程中，根据不同地理环境、气候因素以及投资状况会有许多改进和创新。这些创新和改进往往能够带来意想不到的养殖效果和经济效益。

（一）暖房养殖

暖房的主要功能是为生产者在室内提供充足的光线和温度，尤其在高纬度地区。早期暖房主要用于农业栽培，后被广泛应用于水产养殖。我国最早用于水产养殖的暖房是 20 世纪 50 年代在青岛设计建造的，用于海带育苗。后来在对虾、扇贝和鱼类育苗中迅速推广使用，除培育动物幼体外，暖房的另一重要功能是培养单细胞藻类，由于暖房内的光线充足，且不是直射光，特别适合培养藻类。对于鱼、虾、贝类（尤其是后者）育苗过程中需要培养单细胞藻类的厂家，暖房是必不可少的（图 1-3-4）。近年来暖房也逐步用于对水产动物的成体养殖，鱼、虾、蟹类都有。这种暖房的利用更多的是保温和防止外界风雨的干扰，采光还在其次。有的厂家把暖房的水产养殖与农业结合起来，利用水产养殖废水来培育蔬菜水果（生菜、西红柿、草莓等），降低水中氨氮和硝酸氮的含量，使之成为一种小环境的生态养殖。

图 1-3-4　水产养殖暖房

暖房的设计一般为东西走向，这样在冬天太阳偏低的情况下可以尽可能接受更多、更均匀的光照。但如果在一个面积有限的厂区内建设好几个暖房，则应该采取南北走向，以避免相邻的暖房相互遮光。有的厂家根据需要仅建半边暖房，这样就必须是东西走向，采光区朝南，而且屋顶倾斜度需要大一些，有助于冬天太阳较低时，光线能够垂直照射到采光区，因为太阳光在垂

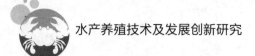

直照射时穿透率最大。

早期农业暖房采用的采光材料是玻璃，而水产养殖对此进行了较大改进，逐步使用塑料膜覆盖整个暖房屋顶。塑料膜成分有聚酯薄膜、维尼龙、聚乙烯等，尤其以聚乙烯使用最广。它的优点就是价格便宜，轻而安装方便，容易替换。聚乙烯材料使用寿命较短，长时间被太阳照射后透光率降低，容易发脆、破裂。

为了暖房牢固，增强保温效果，顶部塑料膜可以盖两层，这样两层薄膜之间会形成一个空气隔离层。隔离层可以通过低压空气压缩机将空气充入形成。空气隔离层的厚度可在 1.5～7 cm，太薄则隔离效果差，太厚会在空气层内部形成气流，同样降低效果。

用硬透明瓦覆盖也是普遍使用的暖房之一，它比塑料薄膜覆盖更牢固，使用寿命也较长。适用于沿海风大的地区，且长期生产的厂家。透明瓦的材料有丙烯酸酯、PVC、聚碳酸酯等，使用最多的还是纤维玻璃加固塑料（Fiberglass Reinforce Plastic，FRP）。FRP 可以用于框架式建筑上，比塑料薄膜和玻璃都要牢固，透光性能也很好，抗紫外线，使用寿命为 5～20 年。缺点是易受腐蚀，表面起糙，积灰尘，降低透光率。

有些暖房尤其是低纬度地区的暖房仅利用太阳能来加热养殖用水，或者在室内存储一大池子水作为热源。但很多高纬度地区的养殖池一般都有专门的加热系统，或者低压水暖，或高压气暖。当阳光过于强烈，暖房可能变得太热，这就需要适当降温，一般采取的比较简单的方法就是安装风扇加强室内外空气流通。另外可以在室内屋顶下加盖一层水平黑布帘，阻挡太阳光的照射。暖房内还需要具备额外的光源，以便在晚间、阴天等时段可以提供必要的光照。

（二）利用热废水进行养殖

水产动物都有一个最佳生长温度，在此温度条件下，动物可以将从外界获取的能量最大限度地用于组织生长。对于冷血动物，温度尤为重要，因为其机体内部缺少调节体内温度的机制。温度低于适宜条件，生长就减缓或停止；温度超过适宜条件，生长同样受限，甚至停止生命活动，包括摄食。只有在环境水温接近最佳温度条件时，水产动物才能生长得既快又好。

可问题是要始终保持养殖水体温度在最佳状态，需要有一个不断工作的加温系统，消耗大量能源，所需费用也相当高，而热废水利用恰好可以提供免费能源。热电厂通常因为需要冷却设备会产出大量热废水，这类热废水经过一些转换装置就可以用于加热养殖用水。有些地区存在的地质热泉也可以用于水产养殖，延长养殖季节。需要注意的是，热废水来源有时不够稳定，常常是夏季养殖系统不需要额外热源的时候，热废水产生量最大；而需要量大的时候，又不足。地质热泉相对稳定些。

热废水的利用方式通常有如下两种。

（1）将网箱或浮筏直接安置在热废水流经的水域。如美国长岛湾利用热电厂排出的热废水养殖牡蛎，其成熟时间比周围地区的快了 1.5～2.5 年，该养殖区域的水温比周围正常海区高了近 11 ℃。

（2）将热废水以一定的速率泵入养殖池、水槽，流水式跑道，维持养殖水温的适宜温度。在美国特拉华河附近的养殖场，利用火力发电厂排出的热废水，在冬季 6 个月可以把 40 g 左右的鲑鱼养到约 300 g，成活率达 80%。

热废水利用在北欧如芬兰、挪威等国家更显经济效益，因为这些国家的冬天漫长，太阳能的利用受限。如芬兰一家核电厂附近的养殖场，利用电厂排出的热废水养殖大西洋鲑的稚幼鱼，可以提前一年将稚鱼养殖至达到放流规格的幼鱼，从而缩短了养殖期，提高了回捕率。

（三）利用有机废弃物进行养殖

对一些植物、动物和人类废弃物加以综合利用对于农业和水产养殖也是一种共赢，在当今倡导低碳社会、节约资源的氛围中，尤其值得大力提倡。能被水产养殖利用的所谓废弃物主要指有机废物如砍割的草木，猪、牛、羊

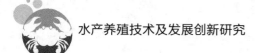

粪便，人类生活污水等。这些物质通常含有很高的氮、磷以及其他营养物质如维生素等。世界各地的城市每天都在产出大量的有机废物。如印度的城市，每天产出有机废物 4.4×10^4 t，如果加以循环利用，每年可以产出 8.4×10^4 t 氮，3.5×10^4 t 磷。

如果有机废物经过自然界细菌和真菌的分解，转化为营养物质流入环境中，被植物吸收，而生长的植物被用于投喂水产动物，则既可以降低水产养殖成本，又能改善环境，是一种持续性发展思路。其中最有前景的是人类生活污水的利用。即利用生活污水来培养藻类，然后养殖一些过滤性贝类如牡蛎、贻贝，既处理了生活污水，又获得了水产品。有实验表明，用人工配制的营养盐培养的藻类和用生活污水培养的藻类去投喂三种贝类，结果发现彼此生长没有明显区别。结果看似简单也很诱人，其实这中间存在着许多科学的、经济的以及社会问题。比如像我国，养殖场的规模都很小，而城市污水排量又如此巨大，彼此不匹配。尽管如此，相关研究仍在进行，人们对此仍抱有期望。

利用废弃物尤其是人类生活废弃物的主要问题还在于它们的富营养性，不是水产养殖所能吸收消化的。而且这些物质中或多或少地带有有机或无机污染成分甚至一些病原体，直接危害养殖生物或间接影响消费者。有实验证明，将颗粒饵料中混入活化的淤泥并投喂鲑鱼，发现鲑鱼各组织中的重金属成分显著增加。不过实验发现能够通过食物链传递和积累的主要还是重金属，细菌等病原体在食物链中直接传递的现象尚未发现（病毒可能是例外）。而且无机或有机污染物在水产动物体内的累积主要部位是脂质器官和血液，这些部位一般在吃之前都已去除了。尽管如此，对于污染保持高度警惕还是有必要的。

水产养殖对于废弃物的利用不仅仅是为人类提供生产食品，另一重要作用是可以通过水生生物消除城市生活污水中富含的营养物质，从而防止沿海、湖泊的富营养化现象的发生。美国伍兹霍尔海洋研究所曾设计了一个利用水产养殖进行污水净化的系统，做了如下实验：首先让生活废水与海水混合培养浮游植物，再将浮游植物投喂牡蛎，然后用牡蛎养殖区的海水养殖一种海藻角叉菜（Chondrus），结果是：95%的无机氮被浮游植物消耗，85%的浮游植物被牡蛎摄食。牡蛎虽然也产生一定量的氮回到系统中，但最后全部被海藻利用。该系统对氮的去除率达95%，磷的去除率为45%～60%。美国佛罗里达滨海海洋研究所也做了类似的实验，只是最后一步所用的是另外两种海藻：江蓠（Gracilaria），提取琼脂的原料；沙菜（Hypnea），富含卡拉胶。结果每天收获的海藻可以提取琼脂和卡拉胶干品12～17 g。

总的来说，开放式养殖系统是最古老但至今仍是应用最广泛的养殖模式之一。开放系统一般位于近海沿岸、海湾、湖泊等地，依靠自然水流带来溶解氧和饵料，并带走养殖废物。牡蛎、贻贝等双壳贝类可以通过围网防止捕食者侵害而提高产量，也可以将之悬挂在水中脱离地面以躲避捕食者侵袭，同时还充分利用养殖水体。悬挂式养殖有筏式、绳式、架式、笼式、网箱式等，既可以养殖贝类，也可以养殖大型海藻、鱼类、甲壳类等水生生物。其中，网箱养殖需要人工投饵，投资和管理水平要求高，产量也高。

半封闭养殖系统是主要水产养殖模式，可分为池塘养殖和跑道流水式养殖。水从外界引入系统后又被排出。流水养殖池一般由水泥建筑而成，池形窄而长，池水浅，水的流速快，交换量大。池塘养殖池一般由土修建，多数高于地面，其水交换量比流水式小得多，因此需要建筑高质量的土坝贮水，不使它渗漏干塘，建筑所用泥土的选择以及建筑方法的运用都需有专业人士参与。半封闭养殖放养密度比开放式高得多，部分养殖条件人工可控，因此产量也高得多、稳定得多，但投资和管理技术要求也相对提高。池塘养殖有时可以通过施肥提高产量。

全封闭系统的养殖特点是水始终处于交换流动过程中，水质条件基本处于完全人工控制状态，所以养殖密度极高。全封闭系统的建设投资很高，系统运行管理要求精心细致。目前这种养殖模式还不是水产养殖的主流。

非传统养殖模式因地制宜而建，因此养殖效益很好。暖房可以为水产动物苗种培育提供阳光和热量。工厂废热水和地质热泉可以为养殖设施提供廉

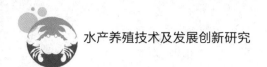

价或免费的热能，加快水产动物生长发育。一些有机废弃物和生活污水可以通过水产养殖环节使氮、磷得到有效利用，降低对环境的污染。

第四节　水产养殖水域的生态学

一、水域的生态系统简述

（一）生态学与生态系统含义

1. 生态学的含义

生态学（ecology）是研究生物与环境之间相互关系的科学。养殖水域生态学就是研究养殖水域生物与环境相互关系的科学。传统生态学的研究对象是个体、种群、群落和生态系统。

种群是生活在某一地区同一空间中同种个体的集合。种群具有空间特征、数量特征和遗传特征。种群生态学从 20 世纪 30 年代开始就成为生态学中的一个主要领域，主要研究种群的数量、分布，种群与其栖息环境中非生物因素和其他生物种群的相互作用等。在种群层次上，种群在空间上的分布格局是生态学家最感兴趣的问题。20 世纪 60 年代以前，动物生态学的研究主流是种群生态学。群落是栖息在同一地域的彼此相互作用的动物、植物和微生物组成的复合体。群落的研究始于 19 世纪，到 20 世纪 70 年代出现了大量的定量分析（如排序）和模型模拟的研究。群落生态学以生物群落为研究对象，主要研究聚集在一定空间范围内的不同种生物与生物、生物个体之间的关系，分析生物群落的组成、特征、结构、机能、分布、演替及群落的分类、排序等。多数生态学家目前感兴趣的是决定群落组成和结构的过程、群落的多样性与稳定性的关系等问题。

2. 生态系统的含义

生态系统（ecosystem）是指生物群落与其生境相互联系、相互作用、彼此间不断地进行着物质循环、能量流动和信息联系的统一体。这一概念是1935年由英国生态学家坦斯利（A.G.Tansley）首先提出的，这个术语主要强调一定地域中各种生物相互之间、它们与环境之间功能上的统一性。它是功能上的单位，而不是生物学中分类学的单位。每个生态系统占有一定的地理位置和整个说来比较匀质的生境，具有确定的生物群落。简言之，生态系统就是生物群落和非生物环境（生境）的总和。

（二）生态系统的主要功能

生态系统的核心组成部分是生物群落，正是通过其中生产者、消费者、分解者的相互作用构成食物链、食物网的网络结构，才使由绿色植物固定的来自非生物环境的物质和能量能不断地从一个生物转移到另一个生物，最终又回到环境中，形成物质循环及能量流动，同时还存在系统关系网络上一系列的信息交换。任何生态系统都在生物与环境的相互作用下完成能量流动、物质循环和信息传递，以维持系统的稳定和繁荣。因此，能量流动、物质循环和信息传递成为生态系统的三个基本功能。这三个基本功能与生态系统中三大功能类群的生物学过程密不可分。

1. 完成能量之间的流动

能量流动是生态系统的主要功能之一。在生态系统中，所有异养生物需要的能量都来自自养生物合成的有机物质，这些能量是以食物形式在生物之间传递的。当能量由一个生物传递给另一个生物时，大部分能量被降解为热而散失，其余的则用以合成新的原生质，从而作为潜能储存下来。由于能量传递不同于物质循环而具有单向性，因此生态系统中的能量传递通常称为能量流动。

所有生物进行各种生命活动都需要能量，并且其能量的最初来源是太阳辐射能。在太阳辐射能中，约有56%是植物色素所不能吸收的。此外，除去植物表面反射、非活性吸收和大量用于蒸腾作用的能量以外，在最适条件下，也只有3.6%的太阳辐射能构成有机物生产量，并且其中有1.2%用于植物本

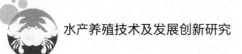

身的呼吸消耗。换言之，在最适条件下，也只有约 2.4%的太阳辐射能储存于以后各营养级所能利用的有机物质内。

生态系统中的能量流动，是通过牧食食物链和腐质食物链两个渠道共同实现的。由于这些食物链及其各环节常彼此交联而形成网状结构，其能量流动的全过程非常复杂。就所述的两类能量线路来看，虽然二者以类似的形式结束，但是它们的起始情况却完全不同。简单地说，一个是牧食者对活植物体的消费，另一个是碎屑消费者对死亡有机物质的利用。这里所讲的碎屑消费者，是指以碎屑为主要食物的小型无脊椎动物，如猛水类、线虫、昆虫幼虫、软体动物、虾、蟹等，它们是很多大型消费者的摄食对象。碎屑消费者所利用的能量，除了一部分直接来自碎屑物质之外，大部分是通过摄食附着于碎屑的微生物和微型动物而获得的。因此，按照上述的营养类别，碎屑消费者不属于独立的营养级，而是一个混合类群。由于不同生态系统的碎屑资源不同，碎屑线路所起的作用也有很大的差别。在海洋生态系统中，初级消费者利用自养生物产品的时滞很小，因此通过牧食线路的能量流明显地大于通过碎屑线路的能量流；相反，对于很多淡水（尤其是浅水）生态系统来说，碎屑线路在能量传递中往往起着主要的作用。

2. 完成物质之间的循环

物质循环（nutrient cycle）又称"生物地球化学循环"，是指生物圈里任何物质或元素沿着一定路线从周围环境到生物体，再从生物体回到周围环境的循环往复的过程。

那些为生物所必需的各种化学元素和无机化合物在生态系统各部分之间的循环通常称为营养物循环（nutrient cycling）。通常用分室（compartment）或库（pool）来表示物质循环中某些生物和非生物环境中某化学元素的数量，即可把生态系统的各个部分看成不同的分室或库，一种特定的营养物质可能在生态系统的这一分室或那一分室滞留（reside）一段时间。例如硅在水层中的数量是一个库，在硅藻体内的含量又是一个库。这样，物质循环或物质流动就是物质或化学元素在库与库之间的转移。

3. 完成各种信息的传递

一般把信息传递归纳成以下几种：营养信息、化学信息、物理信息和行为信息。

（1）营养信息

在某种意义上说，食物链、食物网就代表着一种信息传递系统。在英国，牛的青饲料主要是三叶草，三叶草传粉受精靠的是土蜂，而土蜂的天敌是田鼠，田鼠不仅喜欢吃土蜂的蜜和幼虫，而且常常捣毁土蜂的窝，土蜂的多少直接影响三叶草的传粉结籽，而田鼠的天敌则是猫。一位德国科学家说："三叶草之所以在英国普遍生长，是由于有猫。不难发现，在乡镇附近，土蜂的巢比较多，因为在乡镇中养了比较多的猫，猫多鼠就少，三叶草普遍生长茂盛，为养牛业提供了更多的饲料。"[①]不难看出，以上过程实际上也是一个信息传递的过程。

（2）化学信息

在生态系统中生物代谢产生的物质，如酶、维生素、生长素、抗生素、性引诱剂均属于传递信息的化学物质。化学信息深深地影响着生物种间和种内的关系，有的相互制约，有的互相促进，有的相互吸引，有的相互排斥。

（3）物理信息

声、光、色等都属于生态系统中的物理信息，鸟的鸣叫，狮虎咆哮，蜂飞蝶舞，萤火虫的闪光，花朵艳丽的色彩和诱人的芳香，都属于物理信息。这些信息对生物而言，有的表示吸引，有的表示排斥，有的表示警告，有的则表示恐吓。

（4）行为信息

许多同种动物，不同个体相遇，时常会表现出各种特定的行为格式，即所谓的行为信息。这些信息有的表示识别，有的表示威胁、挑战，有的是向对方炫耀自己的优势，有的表示从属，有的是为了配对。行为生态学已成为

---

① 王海帆. 生态恢复理论与林学关系研究［M］. 沈阳：辽宁大学出版社，2021.

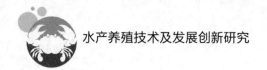

一个独立的分支。

二、生态系统中水体的污染与保护

（一）水污染简述

1. 水污染的定义

水体受到人类或自然因素或因子（物质或能量）的影响，使水的感官性状（色、嗅、味、浊）、物理化学性能（温度、酸碱度、电导率、氧化还原反应、放射性）、化学成分（无机、有机）、生物组成（种类、数量、形态、品质）及地质情况等都产生了恶化，称为"水污染"。从另一角度说，若由于某些自然或人为的原因，大量有害物质进入水体，超过了水体的自净能力，不能及时地分解转化为无害形式，反而在水体或生物体内积累了下来，破坏水环境的正常机能，对水体造成现实的或潜在的危害。水体的富营养化和赤潮也是污染的一种表现。

富营养化一般是指由于水中氮、磷等生源物质的不断增加，水域生物生产力不断提高的过程，有时也指水域营养性状演化的一个阶段，即已具富营养型特征，如水生植物特别是浮游植物大量繁殖引起水华或赤潮、溶解氧周期波动剧烈等。从水产养殖来说，适度的富营养化意味着水肥、饵料丰富，有其有利的方面。但从环境保护角度来看，富营养化会给水和水体的利用带来多方面的问题，如供水、旅游、渔业等。赤潮（redtide）是海洋或近岸海水养殖水体中某些微小的浮游生物在一定条件下暴发性增殖而引起海水变色并使海洋动物受害的一种生态异常现象，与淡水中"水华"相近，但"水华"不一定有害。

2. 水污染的指标

水污染指标包括物理、化学和生物等方面。以下介绍几种较为重要的指标。

（1）固体物质

包括有机性物质（又称挥发性固体）和无机性物质（又称固体性物质）。

固体物质又可分为悬浮固体和溶解固体两类，而固体物质总量则称为总固体（Total Solid，TS）。

悬浮固体（Suspended Solid，SS）是污水的重要污染指标，包括浮于水面的漂浮物质、悬浮于水中的悬浮物质和沉于底部的可沉物质。

（2）有机污染物

有机污染物对水体的污染和自净有很大影响，是污水处理的重要对象，其指标有以下几项：

① 生物化学需氧量（Biochemical Oxygen Demand，BOD）。该指标是指在温度时间都一定的条件下，微生物在分解、氧化水中有机物的过程中所消耗游离氧的数量，其单位为 mg/L 或 kg/m^3。

② 化学需氧量（Chemical Oxygen Demand，COD）。该指标表示的是污水中有机污染物被化学氧化剂氧化分解所需要的氧量。用重铬酸钾作强氧化剂，在酸性条件下能够将有机物氧化为 H_2O 和 CO_2，此时所测得的耗氧量即为化学需氧量（COD_{Cr}）。用高锰酸钾作氧化剂，所测得的耗氧量称高锰酸钾耗氧量，简称耗氧量（COD_{Mn}）。

③ 总有机碳（Total Organic Carbon，TOC）。这一指标最宜用于表示污水中微量有机物。将一定数量的污水注入高温炉中，在触媒的参与下，有机碳被氧化成二氧化碳。

④ 总需氧量（Total Oxygen Demand，TOD）。将污水注入以白金为触媒的燃烧室内，以 900 ℃的高温加以燃烧，完全氧化，其耗氧量即为总耗氧量。

⑤ 理论需氧量（Theoretical Oxygen Demand，ThOD）。根据有机物氧化的化学方程式，可以计算出其需氧量的理论值，即所谓的理论需氧量。

（3）有毒物质

毒物污染是水污染中特别重要的一大类。有毒物质种类繁多，共同的特点是会对生物有机体的正常生长和发育造成毒性危害。

（4）酸碱性

酸性污水能够腐蚀排水管、污水处理设备以及其他水工构筑物，酸性或

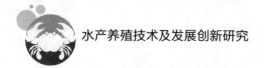

碱性污水都能抑制水生生物及微生物的生活活动。

（5）生物指标

主要有细菌总数、大肠杆菌总数、病原菌总数等。

（二）水污染的主要污染物

水体中的污染物主要来自城市污水排放、水土流失、水产和畜禽养殖以及其他人为活动。造成水体污染的污染物包括物理的、化学的和生物的三大类。下面讲述物理和化学污染两类。

1. 物理污染

物理污染主要包括固体悬浮物、热污染和放射性污染物。

（1）固体悬浮物

固体悬浮物是不溶于水的非生物性颗粒物及其他固体物质。主要来源于水土流失、工农业生产和城市生活污水的排放。

（2）热污染

它是一种能量污染，水体受热污染后造成溶解氧减少（直到零），使某些毒物的毒性提高，破坏水生态平衡的温度环境条件，加速某些细菌的繁殖，助长水草丛生、厌氧发酵，从而产生恶臭。鱼类等水生动植物的生长与水温密切相关，有一定的适温范围，过低或过高不利于水生生物生长和生存，并破坏某一特定水域的生物种群结构。

（3）放射性污染物

放射性污染是指主要由放射性核素引起的一类特殊污染。有的放射性核素在水体、土壤中会转移到水生生物中，并发生明显的浓缩，难以处理和消除，不能用物理、化学、生物等作用改变其辐射的固有特性，只能靠自然衰变来降低其放射强度。生物体对辐射最敏感的是增殖旺盛的细胞组织，如血液系统和造血器官、生殖系统和肠胃系统、皮肤和眼睛的水晶体等。射线引起的远期效应主要有白血病、再生障碍性贫血、恶性肿瘤及白内障等。

2. 化学污染

化学污染物按其性质可分为六类，即需氧有机物污染、富营养化污染、有毒污染物、油污染、酸碱污染、地面径流污染。

（1）需氧有机物污染

需氧有机物包括碳水化合物、蛋白质、油脂、氨基酸、脂肪酸、脂类等有机物质。需氧类有机物质没有毒性，在生物化学作用下容易分解，分解时消耗水中的溶解氧。这类有机物易引起水体缺氧，对水生生物造成危害。水体中需氧有机物越多，耗氧也越多，水质就越差，说明水体污染越严重。大多数污水都含有这类污染物质。

（2）富营养化污染

富营养化污染主要是指水流缓慢、更新周期长的地表水体，接纳大量氮、磷、有机碳等富营养素引起的藻类等浮游生物急剧增殖的水体污染。

（3）有毒污染物

造成水体污染的有毒污染物可分为四类：一是氰化物（CN^-、F^-、S^{2-}等）；二是重金属无机毒物（Hg、Cd、Pb、Cr、As 等）；三是易分解的有机毒物（挥发酚、醛、苯等）；四是持续性有机污染物（DDT、狄氏剂、多环芳烃、芳香胺等）。

① 氰化物。氰化物是剧毒物质，可在生物体内产生氰化氢，使细胞呼吸受到麻痹而窒息死亡。在鱼对氰化物的慢性中毒实验中，对许多生理、生化指标进行观察后发现，为保证在生态学上不产生有害作用，CN^-在水体中不允许超过 0.04 mg/L，对某些敏感的鱼不允许超过 0.01 mg/L。世界卫生组织规定鱼的中毒限量为游离氰 0.03 mg/L。

② 重金属无机毒物。重金属主要是通过食物链进入生物体内的，不易排泄，并在生物体的一定部位积累。进入体内以后，使人慢性中毒，极难治疗。20 世纪 50 年代发生在日本的水俣病事件就是在脑中积累了甲基汞，致使神经系统遭受破坏，导致较高死亡率。

③ 易分解的有机毒物（酚类化合物）。酚是一种高毒的污染物。低浓度

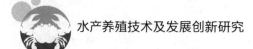

的酚能使蛋白质变性，高浓度的酚能使蛋白质沉淀。酚对各种细胞可产生直接损害，对皮肤和黏膜有强烈的腐蚀作用，长期饮用被酚污染的水源可引起头昏、出疹、瘙痒。

④ 持久性有机污染物。其特点是毒性高、持续性强、易生物积累、可长久在大气中迁移、远距离传输和沉积，生物、化学与光难降解，难溶于水，而易溶于油脂，其分析测定也相当困难。该类型的污染物主要有二噁英（dioxin）和有机氯农药。

（4）油污染

油污染是水体污染的重要类型之一，特别是河口、近海水域更为突出。排入海洋的石油估计每年可高达数百万吨。油污染主要是由于工业排放，石油运输船舱、机件及意外事件的流出，海上采油等造成的。

（5）酸碱污染

酸碱污染使水体 pH 发生变化，破坏水体的缓冲作用，不利于水生动植物的生长和水体自净，还可腐蚀桥梁、船舶、渔具。酸与碱往往同时进入同一水体，中和之后可产生某些盐类；酸性和碱性废水进入水体也可与水体中的某些矿物元素相互作用产生盐类。产生的各种盐类会提高水的渗透压，不利于植物根系对水分的吸收，影响植物的正常生理活动。

（6）地面径流污染

大气降水落到地面后，一部分蒸发变成水蒸气返回大气，一部分下渗到土壤成为地下水，其余的水沿着斜坡形成漫流，通过冲沟、溪涧，注入河流，汇入海洋。这种水流称为地面径流或地表径流。由于地表径流中可能含有来自大气、污水、土壤等中的污染物，流入水体后势必会造成一定的污染。

（三）生态系统中水体的保护

1. 保护生物学的基本原理

保护生物学是一门综合性的交叉学科，是将基础科学和应用科学结合，为保护生物多样性提供原理和工具，并为科学研究和管理实践架起一座桥梁。其主要内容包括物种的灭绝规律，物种的进化潜能，物种多样性与群落和生态系统的关系，保护区的设计，生境的恢复，物种的再引入和迁地保护，生物技术在保护生物学中的应用，等等。

保护生物学最基础的理论是岛屿生物地理学。许多生物赖以生存的环境都可以看作大小、形状和隔离程度不同的岛屿。例如湖泊可以看作陆地海洋中的岛屿。岛屿生物地理学主要研究岛屿中物种数目与面积的关系，物种的进入、迁出规律和达到平衡的过程，为解释生物的地理分布和保护区的设计提供理论基础。

岛屿生物地理学理论认为物种数随面积的增加而增加，并且有如下关系：$S = CA^Z$。该式中 S——物种数；A——岛屿面积；C，Z——常数。

对于这一现象有多种解释：（1）栖息地异质性假说。这一假说认为，面积增大就增加了更多类型的栖息地，因而可以容纳更多的物种。（2）随机样本假说。这一假说认为，物种在不同大小的岛屿上的分布是随机的，大的岛屿为大的样本，因而包含较多的物种。

岛屿上物种的平衡受如下两个因子的影响。

（1）面积效应

即面积大的岛屿，物种数多。对于某一大陆边缘距离相等的一系列岛屿，物种从陆地迁到这些岛屿的速率是一样的，但物种的消失率不一样。小岛屿上的物种消失率高些，因为空间小，物种间竞争激烈，允许容纳的物种数目相对较少。

（2）距离效应

岛屿与陆地和其他岛屿的距离越远，其上的物种数目就越少。因为在岛屿的面积相等时，岛屿与其他岛屿及陆地的距离越远，其上物种的迁入速度就越慢。因此，岛屿的片断化和隔离，将造成物种数的减少。

依据岛屿生物地理学的理论，戴蒙德（Diamond）于 1975 年总结了设计自然保护区的以下几点原则。

① 保护区面积越大越好。

② 单个保护区要比面积相同但分隔成若干个小保护区好。

③ 若干个分隔的小保护区越靠近越好。

④ 若干个分隔的小保护区排列紧凑较好，线性排列最差。

⑤ 有走廊连接的若干小保护区比无走廊连接的好。

⑥ 圆形保护区比条形保护区好。

但是有人认为，物种数随栖息地异质性增加而增加，因此不赞成设一个大的保护区，而是建议在一个较大的地理尺度上选择多个小型保护区。

由于岛屿生物地理学在物种数变动的具体机制上不清楚，特别是对具体哪些物种有影响不清楚，因而其应用有一定的局限性。尽管如此，岛屿生物地理学将人们的注意力吸引到岛屿化这一现象上来，研究物种迁入、迁出的动态变化和相关的因子，对于生物多样性的保护仍有一定的启发作用。

2. 水生生物资源保护

根据水生生物资源的特点和保护生物学的一般原理，水生生物资源保护应当针对不同的情况区别对待，采取切实有效的措施，处理好保护和利用之间的关系。

（1）天然渔业对象的数量保护。随着经济的发展，应当将渔业的重点逐渐从天然渔业转向养殖渔业，保护天然渔业资源和水环境。对于现在天然渔业仍占相当比重的地区应当严格执行渔业法，规定禁渔期和禁渔区，保护产卵场，同时进行科学的管理，控制捕捞强度。

（2）养殖种类种质资源保护。对于养殖种类应当采用现代生物技术培育新品种，而对于它们的野生种则应予以保护，避免近亲繁殖与不适当的杂交。

（3）慎重引种驯化。引入新种一定要考虑它对本地种的影响，控制引入种的范围。

（4）保护栖息地，建立保护区。对于一些重要的类群，如中华鲟、白鱀豚等，要重点保护它们的栖息环境。

　　由于经济建设的需要，对水体的干扰是不可避免的，特别是河流的梯级开发，对水生生物资源影响极大。因此要选择适当的地区，主要是在多样性高的地区建立保护区。例如长江上游，随着葛洲坝、三峡大坝、乌江大坝的建成，建立保护区很有必要。

第二章 水产养殖中的基本要素

本章介绍了水产养殖中的基本要素，包括水产养殖的水质指标、水产养殖的用水处理、水产养殖所需的营养与饲料、水产苗种培育的供给设施四部分内容。

第一节 水产养殖的水质指标

水质对于水产养殖者来说是一个十分重要的概念，水质变坏，水生植物和动物将无法生长和繁殖。就像在工厂和办公室中，空气闷热、污浊，人容易生病一样，水生生物在不良的水质环境中，生理上会持续处于应激（stress）状态，很容易遭受病原体的侵袭而得病。与此同时，水体也会累积各种毒素，加快水质恶化，形成恶性循环。

水作为水生生物的栖息环境，是一种介质，犹如空气对人或陆上动物一样。作为一个成功的水产养殖者，必须对养殖对象的生活环境——水，有一个清晰的概念，首先要了解水的基本理化特性。

一、水的理化性质

首先回顾一下纯水的结构和理化性质，有助于进一步理解淡水和海水的性质。

（一）纯水的理化性质

1. 结构组成

水分子是由两个氢原子和1个氧原子构成的,氧原子最外层有6个电子,其中有两个电子与两个氢原子的电子形成共享电子对,另外两对电子不共享。这样就产生了极性,共享的一端为正极,另一端为负极,因此水分子为极性分子。这一结构特征导致了水的特有氢键（hydrogen bonds）的形成,即非共享的两对电子的负电子云所形成的弱键可以吸引相邻水分子的正电子云。氢键的形成与否直接与水的物理性质、形态相关。

2. 主要形态

日常可观察到水有 3 种形态,即固态（冰）、液态、气态（蒸汽或水蒸气）。液态水经加温到一定程度就转变为气态。这是由于水分子因加温而获得能量,发生振动,从而导致彼此间的氢键断裂,运动加快,相互分离。因此在气态时,水分子相互独立,无氢键形成。气态水无固定体积和形态,除非被压缩在一特定的容器中。

与气态相反的是水的固体——冰,不仅有固定的体积而且还有固定的形状。这是因为在冰点时,水分子之间形成了比较牢固的氢键,振动很小。冰是一种由氢键主导形成的晶体结构,其比重小于液体,因此冰通常浮于水面。

液体的水有体积而无一定形状,其形状取决于容器。大于 4 ℃,液态水与其他物质一样随温度的下降相对密度增加。而小于 4 ℃时,随着温度的下降,水的相对密度反而减小,这是由于小于 4 ℃的水,其结构趋于晶体化,密度减小。

水的这种物理特性对水产养殖者来说十分重要,因为在冬天冰就成了冷空气与下层水之间的隔层。如果水的理化特性与其他物质一样,就有整个池塘或湖泊从底层到表面都会变成固体冰的危险。

3. 温跃层

作为一个水产养殖者来说,可能更关心的是在常温条件下液态的水。液态水的性质主要体现在水分子间的氢键不断形成又不断地断裂，随着温度的升高，氢键的形成和断裂的频率就增加，这也是液态水没有固定体积的原因。

池塘水的相对密度取决于温度。当温度升高，冰开始融化，4 ℃以下，水的相对密度随温度的增加而增加。而当温度达到 4 ℃以后，继续升温，相对密度逐步降低。通常在一个具有一定深度的水体中，表层水与底层水是不发生交换的。这是因为在这种水体中形成了一个固定的密度分层系统（density-stratified system），也就是池塘或湖泊中由温热水层突然变为寒冷水层的区域，这一区域称为"温跃层"（thermocline）。

这种水体分层在较浅的池塘中一般不会形成，但在有一定深度的池塘中，就有可能形成，而且会造成很大的危害。因为表层水由于温度高，相对密度轻，始终处于底层温度低、相对密度大的水体之上，导致底层水体因长期不能与表层水交换而缺氧。

在深度较深的湖泊和池塘会发生上、下水层交换的现象，称为"对流"（turnover）（图 2-1-1）。对流通常发生在春、秋两季，当表层水密度增加时，整个水体会产生上、下层水的混合。

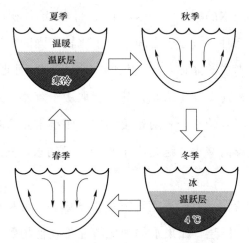

图 2-1-1　深水池塘或湖泊的温跃层和对流

4. 水的热值

水的热值很大，比酒精等液体大得多。这是由于必须用很大一部分能量去打破氢键，尤其是在固体变液体，液体变气体的过程中。

将 1 g 液体的水温度升高 1 ℃需 1 cal[①]；将 1 g 100 ℃的水变成 100 ℃的水蒸气需 540 cal；将 1 g 0 ℃的冰变成 0 ℃的水需 80 cal。

（二）海水的理化性质

海水的理化性质与淡水有许多相似之处，但又有一定的差异。海水的基本组成是：96.5%的纯水和 3.5%的盐，因此有盐度一说。盐度指一升海水中盐的含量，因此正常海水的盐度是 35‰，习惯用 35 ppt、35‰等来表示，现通行标记为"盐度 35"。海水盐度在不同地理区域如内湾、河口发生变化，过量蒸发就导致盐度升高，如波斯湾、死海，而在位于河口的地区，大量的内陆径流注入，致使盐度降低。

海水中绝大多数元素或离子（无论大量或微量）都是恒量的，也就是不管盐度高低，它们相互之间的比例是恒定的，不会因为海洋生物的活动而发生大的改变，因此称为恒量元素（conservative element）。与之相反的是非恒量元素（non conservative element），如氮（N）、磷（P）、硅（Si）等这类元素会因为浮游植物的繁殖利用，它们之间以及它们与恒量元素之间会发生显著改变。这类元素通常为浮游植物繁殖所必需的营养元素，因此也称为限制性营养元素。

盐溶解在水中后还改变了水的其他性质，其影响程度随着水中盐的含量增加而增强。盐溶解越多，水的密度、黏度（水流的阻力）越大。折光率也发生改变，光线进入海水后产生比在淡水中更大的弯曲，意味着光在海水中的行进速度比在淡水中慢。海水的冰点和最大密度也随着盐度的升高而降低。

---

① cal 为非法定计量单位，1 cal = 4.185 5 J。

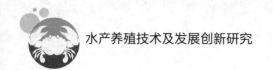

二、水质的各种指标

作为一个从事水产养殖的工作者而言，有一些水质指标是必须熟悉的，如 pH 和碱度（alkalinity）、盐度和硬度、温度、溶解氧、营养盐（包括氮、磷、硅等），因为这些指标直接影响养殖水环境和养殖生物的健康生长。由于水质指标无法用肉眼观察判断，只能借助仪器工具进行测试，因此水产养殖者必须掌握对各类水质指标的测试方法，并且了解测试结果所代表的意义，犹如医生拿到化学检验结果后，能判断此人是否健康一样。

（一）水的 pH

pH 是氢离子浓度指数，是指溶液中氢离子的总数和总物质量的比，表示溶液酸性或碱性的数值，用所含氢离子浓度的常用对数的负值来表示，$pH = -\lg [H^+]$，或者是 $[H^+] = 10^{-pH}$。如果某溶液所含氢离子的浓度为 0.000 01 mol/L，它的氢离子浓度指数（pH）就是 5，与之相反，如果某溶液的氢离子浓度指数为 5，它的氢离子浓度为 0.000 01 mol/L。

氢离子浓度指数（pH）一般为 0～14，在常温下（25 ℃时），当它为 7 时溶液呈中性，小于 7 时呈酸性，值越小，酸性越强；大于 7 时呈碱性，值越大，碱性越强。

纯水 25 ℃时，pH 为 7，即 $[H^+] = 10^{-7}$，$pH = 7$，此时，水溶液中 H^+ 或 OH^- 的浓度为 10^{-7}。

许多水体都是偏酸性的，其原因为环境中存在酸性物质，如土壤中存在偏酸物质，水生植物、浮游生物以及红树林对二氧化碳的积累等都可能使水体 pH 偏酸。有的水体受到硫酸等强酸的影响，pH 甚至可能低于 4，在如此酸性的水体中，无论植物、动物都无法生长。

养殖池塘中水体偏酸可以通过人工调控予以中和，最简便的方法就是在水中加生石灰。但这种调节不可能一次奏效，一个养殖周期，可能需要几次。实际操作过程中要通过检测水中 pH 来决定。

（二）水的碱度

养殖池塘水体也可能发生偏碱性，虽然发生频率比偏酸性要少。鱼类不能生活在 pH 超过 11 的水质中，水质过分偏碱性，也可以人为调控，常用的有硫酸铵 [$(NH_4)_2SO_4$]，但过量使用硫酸铵会导致氨氮浓度的上升。因为在偏碱性水体中，氨常以 NH_3 分子，而不是以 NH_4^+ 离子形式存在于水中，而 NH_3 分子的毒性远高于 NH_4^+ 离子。

碱度是指水中能中和 H^+ 的阴离子浓度。CO_3^{2-}、HCO_3^- 是水中最主要的两种能与阳离子 H^+ 进行中和的阴离子，统称碳酸碱。碱度会影响一些化合物在水中的作用，如用硫酸铜（$CuSO_4$），控制微藻、原生动物等。一般硫酸铜（$CuSO_4$）在低碱性水中毒性更强。

（三）水的硬度

硬度主要是研究淡水时所用的一个指标。自然界的水几乎没有纯水，其中或多或少总有一些化合物溶解其中。硬度和盐度是两个密切相关的词，表达溶解水中的物质。

硬度最初的定义是指淡水沉淀肥皂的能力，主要是水中 Ca^{2+} 和 Mg^{2+} 的作用，其他一些金属元素和 H^+ 也起一些作用。现在硬度仅指钙离子和镁离子的总浓度，用 $\times 10^{-6}$ 表示，表示 1 L 水中所含有的碳酸盐浓度。从硬度来分，普通淡水可分为四个等级。（1）软水：$0 \sim 55 \times 10^{-6}$。（2）轻度硬水：$56 \times 10^{-6} \sim 100 \times 10^{-6}$。（3）中度硬水：$101 \times 10^{-6} \sim 200 \times 10^{-6}$。（4）重度硬水：$201 \times 10^{-6} \sim 500 \times 10^{-6}$。

Ca^{2+} 在鱼类骨骼、甲壳动物外壳组成和鱼卵孵化等中起作用。有些海洋鱼类如鲯鳅属（Coryphaena）在无钙海水中不能孵化。而软水也不利于养殖甲壳动物，因为在软水中，钙浓度较低，甲壳动物外壳会因钙的不足而较薄，不利于抵抗外界不良环境因子的影响。镁离子在卵的孵化、精子活化等过程中有重要作用，尤其是在孵化前后的短时间内，精子活化作用尤为明显。

（四）水的盐度

盐度是研究海水或盐湖水所用的水质指标。完整的定义为：1 kg 海水在氯化物和溴化物中被等量的氯取代后所溶解的无机物的克数。正常的大洋海水盐度为 35。

盐度对海洋生物影响很大，各种生物对盐的适应性也不尽相同，有广盐性、狭盐性之分。一般生活在河口港湾、近海的种类为广盐性，生活在外海的种类为狭盐性。绝大多数海水养殖在近海表层进行，这一区域的海水盐度一般较大洋海水低，盐度范围多为 28～32。

在小水体养殖中，可通过在养殖水中添加淡水来降低盐度，也可以通过加海盐或高盐海水（经过蒸发形成的）来升高盐度。对于一些广盐性的养殖种类，人们可以通过调节盐度来防止敌害生物的侵袭。如卤虫是一种具有强大渗透压调节能力的动物，可以生活在盐度大于 60 的海水中，在这样的水环境中，几乎没有其他动物可以生存了，从而有效地避免了被捕食的危险。

（五）水的溶解氧

溶解氧是指溶解于水中的氧的浓度。我们空气中氧的含量约占 21%，但在水中，氧的含量却很低。正常溶解氧水平为 6～8 mg/L，低于 4 mg/L 则属于低水平，高于 8 mg/L 则属于过饱和状态。水中的氧含量与温度、盐度等有关，温度、盐度越高，水中溶解氧含量越低。正常情况下淡水的溶解氧浓度比海水稍高。另外，水中溶解氧水平还与水是否流动、风以及水与空气接触面积大小等物理因素有关。

所有水生生物都需依赖水中的氧气存活。高等水生植物和浮游植物在白天能利用太阳光和二氧化碳进行光合作用制造氧气，但它们同时又需要从水中或空气中呼吸得到氧气，即使夜晚光合作用停止，呼吸作用也不停止。因此如果养殖池中生物量很丰富，一天 24 h 溶氧的变化会很剧烈，下午 2:00—3:00 经常处于过饱和状态，而天亮之前往往最低，容易造成缺氧。

鱼类以及比较高等的无脊椎动物都具有比较完善的呼吸氧的器官——鳃，鳃组织很薄，表面积大，以利于氧和二氧化碳在鳃组织内外交换。水中氧渗透进血液或血淋巴后，通过血红蛋白或其他色素细胞输送至身体各部。因此鳃是十分重要的器官，也极易受到各种病原体的感染。

　　溶解氧是水产养殖中最重要的水质指标之一，如何方便、快速、准确地检测这一指标也是所有水产养殖业者所关心的，从早先的化学滴定法到现如今的电子自动测试仪，都在不断地改进。化学滴定准确，但费时费力，而电子溶氧测试仪方便、快速，但仪器不够稳定，且容易出现误差。随着仪器性能的不断改进，溶解氧自动测试仪使用范围越来越广，尤其对于检测不同水深溶解氧状况，自动测试仪的长处更明显，而对于夏季水体分层的养殖池塘来说，第一时间掌握底层水溶解氧状况是每一个养殖业者最为关心的。

　　在自然水环境中，溶解氧水平可以足够维持水中生物的生存，然而在养殖水环境中，溶解氧不足这一矛盾却十分突出，其原因主要如下：（1）高密度养殖的生物所需；（2）分解水中废物（剩饵、粪便）的微生物所需；（3）浮游植物、大型藻类及水生植物所需。

　　把上述原因对氧的消耗称为生物耗氧量（Biological Oxygen Demand，BOD），是指水中动物、植物及微生物对氧的需求量。

　　生物耗氧量高是水产养殖的常态，解决溶解氧缺乏的办法有直接换水、机械增氧以及化学增氧等，其中机械增氧是最常用、便捷、有效的方法。增氧机的工作原理是增加水和空气的接触，促使空气中的氧溶于水中。能否有效达到增氧效果，不仅取决于水体本身的理化状态（温度、盐度等），更主要的是与以下几个因子有关：（1）与进入水中气体的量以及气体的含氧量有关，气体进入越多，气体含氧量越高，增氧效果越好。（2）与气、水接触的表面积有关，1 L 空气产生 10 000 个微泡比产生 10 个大泡有更大的表面积，也就更利于氧气溶入水中。（3）与水体本身溶解氧浓度有关，水体溶解氧越低，增氧效果越明显。

　　化学增氧通常是在养殖池塘发生严重缺氧的情况下偶尔使用，常用的是

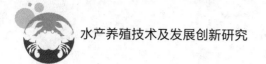

氢氧化钙（Ca(OH)$_2$）、氧化钙（CaO）、高锰酸钾（KMnO$_4$）等，主要目的是氧化有机物、降低对氧的消耗。

通常一个养殖池塘中，溶解氧的分布并不均匀，由于温跃层的存在，通常是表层高、底部低。这是因为表层水与空气接触更容易，而且光合作用也主要在水表层进行，而细菌的耗氧分解恰恰又发生在底部水层。另外，养殖动物往往会聚集在池塘底部某一区域，这样也很容易造成局部区域缺氧。

水产养殖对溶解氧的要求一般高于 5 mg/L，然而各种生物对溶氧的需求不尽相同，鲑鳟鱼类要求高，而攀鲈、泥鳅很低。同一种生物对溶解氧的需求又因个体大小，温度及其他环境条件不同而差异很大。如一种原螯虾（Procambarus），其半致死量 LC$_{50}$ 在 9～12 mm 幼体时是 0.75～1.1 mg/L，而在 31～35 mm 大小时，则降低到 0.5 mg/L。

如果要建立一个数学模型来预测水中溶解氧昼夜变化规律，需要考虑的因素很多，如温度、生物量、细菌和浮游生物活动、水交换、水和底质的组成、空气中氧的溶入等。

（六）水的温度

温度是水产养殖中另一个十分关键的指标，几乎所有的水产养殖对象，在生产开始前，首先需要弄清楚它们适应在什么温度条件下生长繁殖。

可以说几乎所有的水生生物都属于冷血动物，其实这种表述也不完全正确。所谓的冷血动物虽然不能像鸟类和哺乳类一样能够调节身体体温，保持相对稳定，但它们仍能通过某些生理机制或行为机制来维持某种程度的温度稳定，如趋光适应、迁移适应，动脉静脉之间的逆向热交换等。在过去的几十年里，冷血动物和温血动物的界限似乎已变得不那么明显了。

尽管一些水生动物具有部分调控体温的能力，但水产养殖者还是希望为养殖对象提供一个最适生长温度，使它们体内的能量可以最大限度地用于生长，而不是仅仅为了生存。最适温度（Optimal temperature）意味着生物的能量可以最大限度地用于组织增长。最适温度与其他环境因子也有一定的关系，如盐度、溶解氧不同，最适温度会有一定差异。在实际生产中，养殖者一般选择适宜温度的低限，以利于防止高温条件下微生物的快速繁殖。

最适温度基于生物体内酶的反应活力。在最适温度条件下，生物体内的酶最活跃，生物对食物的吸收、消化率最佳。虽然检测养殖动物生长如何，需要有个过程，但要了解温度是否适宜、体内酶反应是否活跃，可以从动物的某些行为状况进行判断。如贻贝适温为 15～25 ℃，在此温度范围内，贻贝滤食正常，而超过或低于此温度，其滤食率显著下降，在这种不适宜的温度条件下，经过一段时间的养殖，其个体生长就会表现出来。

低于适温，生物体内酶活力下降、新陈代谢变慢、生长速度降低。如果温度突然大幅度下降会导致生物死亡。有时低温条件下，生物新陈代谢降低也有利于水产养殖的一面，如低温保存的作用，冷冻胚胎、孢子、精液等。

温度的突然显著升高同样是致命的。一方面由于迅速上升的温度会导致池塘养殖动物集体加快新陈代谢，增加生物需氧量（BOD），导致缺氧情况发生；其次是过高的温度会导致生物体内酶调节机制失控，反应失常；另外高温也容易导致养殖水体中病原体繁殖，发生疾病。显然细菌等病原比养殖动物更能适应温度的剧变。但控制得好，适当升温也有正面作用，如生长速度加快，即使冷水动物也如此。比如美洲龙虾、高白鲑等水生生物自然生活在冷水水域，但将之移植到温水区域养殖，也能存活，而且生长较快。鳕鱼卵，15～90 天孵化都属正常，温度高，孵化就快。

与盐度相似，动物对温度的适应也可以分为广温性和狭温性。一般近岸沿海以及内陆水域的生物多为广温性，而大洋中心和海洋深层种类多为狭温性。生物栖息环境变化越大，其适应温度范围就越广。

（七）水中的营养元素

营养元素指的是水中能被水生植物直接利用的元素，尤其指的是那些非恒量元素，如氮、磷等，这类容易被水生植物和浮游植物耗尽从而限制它们继续生长繁殖的元素也称限制性营养元素。通常在海水中，控制植物生长的主要是氮，而在淡水中则是磷。这些限制性营养元素被利用，必须是以一种合适的分子或离子形式存在，且浓度适宜，否则反而有毒害作用。

1. N（氮）

氮是参与有机体的主要化学反应、组成氨基酸、构建蛋白质的重要元素。它的存在形式可为氨、铵、硝酸氮、亚硝酸氮、有机氮以及氮气等。从水产养殖角度看，能作为营养元素被利用的主要是前 3 种，尽管亚硝酸氮和有机氮也能被一些植物所利用，而氮气（N_2）只能被少数青绀菌（cyano-bacteria）和陆生植物的根瘤菌直接利用。

在养殖池塘中，有一个自然形成的氮循环（图 2-1-2），在此循环中，有机氮被逐步转化为水生植物可直接利用的无机氮。这是一个复杂的循环，影响因子很多，如植物（生产者）、细菌或真菌（消费者）以及其他理化因子如溶解氧、温度、pH、盐度等。

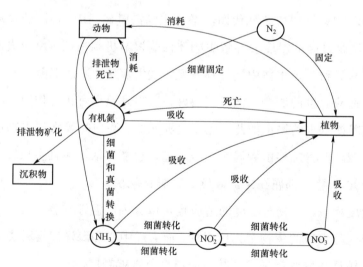

图 2-1-2 养殖池塘 N 循环

上述含氮化合物浓度过高对生物尤其动物有毒害作用的，其中氨氮的毒性最强。而铵的毒性相对较低。氨氮和铵在水中处于一个动态平衡之中，其反应方向主要取决于 pH 浓度。pH 浓度越低，水中 H^+ 离子越多（偏酸），反

应就朝形成 NH_4^+ 方向发展，对生物的毒性越小，反之则反。温度上升，NH_3/ NH_4^+ 的比例上升，毒性增强。而盐度上升，这一比例下降。但温度和盐度对氨氮和铵的比例影响远不如 pH。不同种类的生物对 NH_3 的敏感性不同，而且同一种类不同发育期的敏感性也不一样，如虹鳟的带囊仔鱼和高龄成鱼比幼鱼对氨氮敏感得多。另外，环境胁迫也会增强生物对氨氮的敏感度。如虹鳟稚鱼在溶解氧 5 mg/L 的水质条件下对氨氮的忍耐性要比在 8 mg/L 条件下低 30%。

NH_3 被氧化为 NO_2^- 后毒性就小得多，进一步氧化为 NO_3^- 毒性就更小。一般在水产养殖中，这两种物质的含量不会超标，对于它们的毒性考虑得较少，但并非无害。过高的 NO_3^- 易导致藻类大量繁殖，形成水华。而 NO_2^- 能使鱼类血液中的血红蛋白氧化形成正铁血红蛋白，从而降低血红蛋白结合运输 O_2 的功能。鱼类长期处于亚硝酸氮过高的环境中，更容易感染病原菌。

2. P（磷）

磷同样是植物生长的一个关键营养元素，通常以 PO_4^{3-} 的形式存在。磷在水中的浓度要比氮低，但需求量也较低。磷和氮类似，一般在冷水、深水区域含量高，而在生产力高的温水区域，植物可直接利用的自由磷含量较低。更多的是存在于植物和动物体内的有机磷。与氮一样，自然水域中也存在一个磷循环，植物吸收无机磷，固定成有机分子，然后又通过细菌、真菌转化为磷酸盐。

有些有机磷农药剧毒，其分子结构中有磷的存在，但磷酸盐一般不会直接危害养殖生物。最容易产生问题的是如果某一水体氮含量过低，处于限制性状态，而磷酸盐浓度过高时，能激发水中可以直接利用 N_2 繁殖的青绀菌（又称蓝绿藻）大量繁殖，在水体中占绝对优势，从而排斥其他藻类，形成水华（赤潮）。这种水华往往在维持一段短暂旺盛后，会突然崩溃死亡，分解释放大量毒素，并且造成局部严重缺氧状态，直接危害养殖生物。

表面上看，氮、磷浓度升高，只要比例适当，不会有什么危害，也就是导致水中初级生产力增加而已，其实问题不仅如此。因为首先水中植物过多，

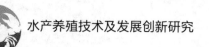

在夜晚光合作用停止时，植物不再制造氧气，却要消耗大量氧气，致使水中溶解氧大幅下降，直接危害养殖生物。而白天则因光合作用过多消耗水中的二氧化碳，使水体酸性减弱，碱性增强，NH_4^+离子更多地转化为 NH 分子，增强了氨氮对生物的毒性。

3. 其他

在自然水域中，磷、氮为主要限制性营养元素，而在养殖水域中，若磷、氮含量充足，不再成为限制性因素，其他元素或物质可能成限制性因素了，如 K、CO_2、Si、维生素等。缺 K 可以添加 K_2O，使用石灰可以提升二氧化碳浓度。在正常水域中硅的含量是充足的，但遇上某水体硅藻大量繁殖，则硅也会成为限制性因素。一般可以通过加 $Si(OH)_4$ 来改善。一些无机或有机分子如维生素也同样可能成为限制性营养元素。

（八）其他的水质指标

1. 透明度

透明度指的是水质的清澈程度，是对光线在水中穿透过程中所遇阻力的测量，与水中悬浮颗粒的多少有关，因此也有学者用浊度（turbidity）来表示。若黏性颗粒，小而带负电，则称胶体（Colloids）。任何带正电离子的物质添加，均可使胶体沉淀，如石膏、石灰等。许多养殖者不愿意让水质过于浑浊，可通过泼洒石膏或石灰水来增加水质透明度。

透明度太小，或浊度过大，不易观察鱼类生长状况，也容易影响浮游生物繁殖，导致 N 的积累，而且也会使鱼、虾呼吸受阻。但水质透明度太大易使生物处于应急状态，也不利于养殖动物的生长，如俗语所说的"水至清则无鱼"。

透明度有一个国际上常用的测量方法：用一个直径 25 cm 的白色圆盘，沉到水中，注视着它，直至看不见为止。这时圆盘下沉的深度，就是水的透明度。

2. 重金属

重金属污染对水产养殖的危害不可忽视，在沿海、河口、湖泊、河流都不同程度地存在，而且近几十年来有逐步加重的趋势。重金属直接侵袭的组织是鳃，导致异形。另外对动物胚胎发育、孵化的影响尤为严重。为减少重金属危害，育苗厂家通常都在育苗前，在养殖用水中添加 $2 \sim 10$ mg/L 的乙二胺四乙酸钠（EDTA-Na）盐，可有效螯合水中重金属，降低其毒性。一般重金属在动物不同部位积累浓度不同，如对虾头部组织明显大于肌肉。一些贝类能大量积累重金属。

3. 有机物

水中某些有机物污染会影响水产品口味，直接导致整批产品废弃。如受石油污染的鱼、虾会产生一股难闻的怪味，受青绀菌或放线菌污染的水产品有一股土腥味等。

第二节　水产养殖的用水处理

在开放式养殖模式中，养殖用水无须处理，但在封闭或半封闭系统中，养殖用水必须经过处理，包括过滤、消毒、充气或除气等，从而提高水质条件。水处理的目的是为养殖生物提供一个良好的生活环境，可是实际生产中没有一种最佳的水处理方法，而且经过处理的水虽多数情况可能是有益的，但有时也会对养殖生物带来不利影响，因此只能根据不同企业的自身需求和条件来选择应用。本节将叙述水产养殖中常用的水处理方法。

我们可以通过几种常用的方法来提升水质。过滤是去除水中的颗粒物和溶解有机物，包括我们不希望看到的营养物、污染物、水生生物以及其他杂质；消毒是利用臭氧、紫外线和含氯化合物等来消除潜在的病原体、寄生虫、竞争者和捕食者；充气一般，用于养殖密度比较高的水体，防止溶解氧水平低于正常状态；而除气的目的是针对气体溶解过饱和状态的水体，消除溶于其中过多的氮气，防止气泡病的发生。

一、水的过滤

（一）机械过滤

1. 使用网、袋过滤

这是一种最基本也最简单的过滤方式，目的是去除漂浮在水中的粗颗粒物，一般用于将外源水泵入蓄水池以及池塘养殖进水。使用时，将网片、网袋套在进水管前端，防止外源水中一些木片、树叶、草、生物以及其他一些颗粒较大的物质进入养殖系统，消除潜在的危害。根据外源水的状况不同，网片可以用一层，也可以数层，同样，网目也可以有小有大，在生产中调整使用，要求是既能过滤绝大多数颗粒物，又不需要经常换洗网片，进水畅通。

当外源水颗粒物较多、网片网孔经常堵塞、流水不畅时，可改用大小不一的尼龙网袋。由于网袋具有较大的空间，能容纳一定量的颗粒物而不影响进水，而且通过换洗网袋可以持续进水。

2. 使用沙滤系统过滤

沙滤是一个由细砂、粗砂、石砾及其他不易固结的颗粒床所组成的封闭式过滤系统，水在重力或水泵压力作用下，依次通过不同颗粒床，将水中的杂物去除。沙滤系统中各过滤床颗粒的大小直接影响过滤效果。颗粒大，对水的阻力小，透水性能好，不易固结，但它只能过滤水中大颗粒物质，一些细小杂物会穿过滤床。而如果过滤层颗粒很细，虽可以过滤水中所有杂物，但是流速非常慢，过滤效率很低，而且要经常清洗过滤床。如果采用分级过滤，由粗到细，则可以提高过滤效率，但要增加过滤设备和材料用量。

沙滤系统必须阶段性地进行反冲清洗。反冲清洗过程中，水的流向与过滤时相反，且流速也大。为增加清洗效果，有时还将气体同时充入系统，增加过滤床颗粒的搅动、涡旋。此时的过滤床处于一种流体状态。反冲时，滤床颗粒运动频繁，相互碰撞，可以有效清除养殖用水黏附在滤床颗粒上的杂物，达到清洗目的。反冲清洗完成后，水从专门的反冲水排放口排出。

由一组不同规格沙滤床构成的系列沙滤系统效果是最理想的。但若条件不具备，也可以用一个过滤罐组成独立过滤系统，虽然过滤速度较慢。独立过滤罐内部有系列过滤床，颗粒最细的在最上层，最粗的在最下层。这样设置的理由是，养殖用水杂物不会积聚在不同过滤床中间形成堵塞，反冲时，底部的粗颗粒最先下沉，保持沙滤层原有排列次序。这种独立过滤系统实际上只是上层最细颗粒床起过滤作用，而下层粗颗粒层只是起支撑作用，所以过滤效率较低。

生产上所建造的沙滤池与沙滤罐原理结构基本类似，但体积大得多，通常在沙滤池最下层有较大的空间用于贮水，同时起到蓄水池的作用。

（二）重力过滤

重力可以使养殖用水中的水和比水重的颗粒分开，密度越大，分离越快。

1. 静止沉淀

这是一种在沉淀池中进行的简单而有效的过滤方法，利用重力作用使悬浮在水中的颗粒物沉淀至底部。在外界，水中的一些细小颗粒物始终处于运动中，而进入沉淀池后，水的运动逐步趋小，直至处于静止状态，水中颗粒物也不再随水波动，由于密度原因，渐渐沉于底部。这种廉价、简单的过滤方法可以去除养殖用水中大部分颗粒杂物。

2. 暗沉淀

一般大型沉淀池都在室外，虽然能沉淀大部分非生物颗粒，但一些小型浮游生物仍然因为光合作用分布在水的中上层，无法去除。如果将水抽入一个暗环境，则由于缺少光，无法进行光合作用，浮游植物会很快沉入底部，随之浮游动物也逐渐下沉。通过暗沉淀，可以有效去除水中的小型生物颗粒。

3. 加絮凝剂沉淀

养殖用水在沉淀过程中如果加絮凝剂，则可加快沉淀速度。这是因为絮凝剂可以吸附无机固体颗粒、浮游生物、微生物等，形成云状絮凝物，从而加速下沉。常用的絮凝剂有硫酸铝、绿矾、硫酸亚铁、氯化铁、石灰、黏土

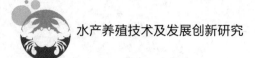

等。根据不同的絮凝剂，适当调整 pH，沉淀效果更好。

絮凝作用除了可以消除水中杂物外，还可以用来收集微藻。一种从甲壳动物几丁质中提取的壳多糖可以用来凝聚收集多种微藻，而且壳多糖没有任何毒副作用，适合用于食用微藻的收集。受海水离子的影响，絮凝作用在海水中效果较差，除非联合不同絮凝剂，或预先用臭氧处理水。

（三）离心过滤

沉淀过滤是由于重力作用将水中比重较重的颗粒物与比重较轻的水分离，如果增加对颗粒物的重力作用，则过滤速度会加快，这就是离心机的工作原理。许多做科学实验的学生对小型离心机用试管、烧瓶进行批量离心较熟悉，显然这种离心方法不可能用于养殖用水过滤。一种较大型的连续流动离心机可以达到目的。养殖用水从一端进入，经过离心机的作用，清水从另一端排出，颗粒物聚积在内部。这种离心机适用于小规模的养殖场，尤其是饵料培养用水。除了处理养殖用水，这种离心机也适用于收集微藻等。

（四）生物过滤

1. 生物过滤类型

几乎所有的水产养殖系统中都存在某种程度的人为的或自然的生物过滤，尤其在封闭式海水养殖系统中（如家庭观赏水族缸）中，生物过滤是不可或缺的。与机械过滤和重力过滤不同，生物过滤不是过滤颗粒杂物，而是去除溶解在水中的营养物质，更重要的是将营养物质从有毒形式（如氨氮）转化为毒性较小形式（如硝酸盐）。

在生物过滤中发挥主要作用的是自养细菌，尽管藻类、酵母、原生动物以及其他一些微型动物也起一些协助作用。这些自养菌往往在过滤基质材料上形成群落，产生一层生物膜。为使生物过滤细菌生长良好、生物膜稳定，人们设计了许多过滤装置如旋转盘式或鼓式滤器、浸没式滤床、水淋式过滤器、流床式生物滤器等，各有利弊。

（1）浸没式床（Submerged filter）是最常用的生物过滤器，也称水下沙滤床，破碎珊瑚、贝壳等通常被用作主要滤材，不仅有利于生物细菌生长，而且因这些材料含有碳酸钙成分，也有利于缓冲水的 pH，营造稳定的水环境。生物过滤的基本流程，如图 2-2-1 所示，水从养殖池（缸）流入到生物滤池，经过池（缸）材料后，再回到养殖池（缸）。当水接触到滤床材料时，滤器上的细菌吸收了部分有机废物，更重要的是将水中有毒的氨氮和亚硝酸氮氧化成毒性较低的硝酸氮。这一氧化反应对于细菌来说是一个获取能源的过程。浸没式滤床的一个主要缺点是氧化反应可能受到氧气不足的限制，一旦溶氧缺乏，就会大大降低反应的进行甚至停止。有的系统滤床材料本身就作为养殖池底的组成成分，此时，滤床就可能受到养殖生物如蟹类、底栖鱼类的干扰破坏，从而使生物过滤效果降低。

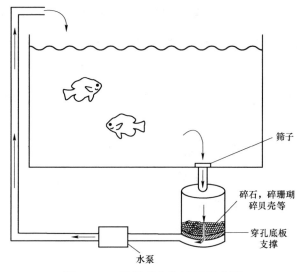

图 2-2-1 浸没式生物过滤示意图

（2）水淋式过滤器（Trickling filter）的最大优点是不会缺氧，过滤效果比浸没式高，缺点是系统一旦因某种原因水流不畅，滤器缺水干燥，则滤材上的细菌及相关生物都将严重受损无法恢复。

（3）旋转盘式或鼓式滤器（Rotating disks/drums）也不受缺氧的限制，它的一半在水下，一半露在空中，慢慢旋转。滤盘一般用粗糙的材料，以利

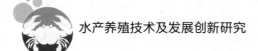

于细菌生长。滤鼓的外层包被一层网片，内部充填一些塑料颗粒物，增加滤材表面积，以利于细菌增长。

（4）流床式生物滤器（Fluidized bed bio-filter）是由一些较轻的滤材，如塑料、沙子或颗粒碳等构成，滤材受滤器中的上升水流作用，始终悬浮于水中，因而不会发生类似浸没式滤床中的滤材阻碍水流经过的现象，保证溶解氧充足。有实验表明，这种滤器的去氨氮效果可以提高 3 倍。

2. 硝化作用后的过滤

动物，尤其是养殖动物在摄食人工投喂的高蛋白饲料后，其排泄物中的氮绝大部分是以氨氮或尿素形式排出的，尿素分解产生 2 分子的氨氮或铵离子（注意：氨氮和铵离子是一种可逆平衡，其各自浓度取决于温度和 pH 浓度），氨氮是有毒的，必须从养殖系统中去除。

在生物滤床中，存在着一种亚硝化菌，它可以把强毒性的氨氮转化为毒性稍轻的亚硝酸盐：$NH_4^+ + 1.5O_2 \rightarrow NO_2^- + 2H^+ + H_2O$。虽然亚硝酸盐比氨氮毒性要低些，但对养殖生物生长仍然有较大危害，需要去除。生物滤器中同时还存在着另一种细菌硝化菌，能够将亚硝酸盐进一步转化为硝酸盐：$NO_2^- + 0.5O_2 \rightarrow NO_3^-$。

将氨氮转化为亚硝酸氮进而转化为硝酸盐的过程称为硝化反应（Nitrification reaction），参与此反应的细菌统称为硝化菌。注意，上述两步反应都是氧化反应，需要氧的参与，因此，反应能否顺利进行取决于水中的溶解氧浓度。还需关注的是反应中氮由氨氮中的 -3 价上升到硝酸盐中的 +5 价。

上述两类细菌自然存在于各种水体中，同样也会在养殖系统中形成稳定的群落，但对于一个新的养殖系统，需要一个过程，一般为 20～30 天，在海水中，形成过程通常比淡水长。如果要加快硝化细菌群落的形成，可以取一部分已经成熟的养殖系统中的滤材加入新系统中，也可以直接加入市场研制的硝化菌成品。硝化菌群落是否稳定建立，生物膜是否成熟是该水体是否适合养殖的一个标志。

如果对一个养殖系统进行氨氮化学检测，会发现在动物尚未放入系统之前，氨氮浓度处于一个峰值，如果有硝化菌存在，首先是氨氮被转化为亚硝酸盐，然后再转化为硝酸盐（检测实验最好在暗环境中进行，以消除植物或藻类对 N 吸收的影响）。

养殖者应该清楚，对于一个新建立的养殖系统，必须让系统中的硝化菌群落先建立，逐步成熟，能够进行氨氮转化，具备了生物过滤功能后，才能放养一定量的养殖动物。否则硝化菌无法去除或转化动物产生的大量氨氮，养殖动物就会氨氮中毒。

生物过滤的效率受众多因素的制约，主要是环境因子，如温度、光照、水中氨氮浓度以及系统中其他溶解性营养物质或污染物的多寡等，这些因素都会影响硝化细菌的新陈代谢作用。

生物滤器设计时需要重点考虑的是过滤材料颗粒的大小，过滤器体积与总水体体积之比，以及水流流过滤床的速度。但彼此之间是相互联系又相互制约的。如减小滤材颗粒大小可以增加细菌附着生长的基质面积，有利于细菌数量增加，因而促进生物过滤效率。但是太细的滤材颗粒又容易导致滤床堵塞、积成板块，影响水从滤床中通过，而且会在滤床中间产生缺氧区，导致氧化反应停止。为此，养殖用水在进入系统之前最好先进行机械过滤和重力过滤，减少颗粒杂物进入系统后堵塞滤床，这样可以增加滤床的使用时间。另外有机颗粒如动物粪便等物质存留在滤床上，会导致异养菌群的繁殖，形成群落，与自养菌争夺空间和氧气，降低硝化作用效率。在硝化菌群数量够大且稳定时，加快系统水流速度可以加快去除氨氮，虽然水在滤床中的停留时间会缩短。

所有生物滤器在持续使用一段时间后，总是会淤塞，水流不畅，氨氮去除效果降低。因此经过一段时间的运行，就需要清洗滤床。通过虹吸等方法使滤材悬浮于水中清除滤床中的杂物。清洗过程会使生物膜受到一定的损伤，但水的流速加快了。总之，一个理想的滤床应该是既能支持大量硝化菌群生长又能使水流通过滤床，畅通无阻。对于生物滤器的设计制作有许多专

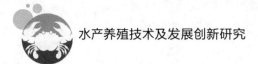

业文献可供参考。

3. 其他生物过滤

硝化作用是最常见的生物过滤方法，此外，还有其他一些方法，如高等水生植物、海藻等也可以用作生物过滤材料，在条件合适时，这些生物的除氮能力和效率非常高。而且这类植物或藻类具有细菌所不具有的优点，就是它们本身可被人类利用，可作为养殖副产品。缺点是如果将动物与植物混养在一起，会给收获带来较大的麻烦。除非将动植物的养殖区域分开。

反硝化作用过滤系统也可作为一种生物过滤方法，其原理是硝酸盐在缺氧状态下分解成氮气，起作用的是气单胞杆菌等细菌。但是反硝化作用过滤系统比正常硝化作用系统难维持，这是因为首先一般养殖系统都是在氧气充足的条件下进行的，而反硝化作用却需要在几乎无氧状态下完成；其次反硝化作用需要有碳源（如甲醇）的加入，因为反应的终末产品是二氧化碳；另外如果在反应过程中溶解氧过高，而碳源不足，则会导致硝酸盐转化为亚硝酸盐，毒性增强，适得其反。

（五）化学过滤

与生物过滤类似，化学过滤也是去除溶解于水中的物质。这些物质包括营养物质如氨氮等，而且还能去除一些硝化菌无法有效去除的物质。

1. 泡沫分馏过滤

泡沫分馏的原理比较简单，将空气注入养殖水体中，产生泡沫，水中的一些疏水性溶质黏附于泡沫上，当泡沫从水表面溢出时，水中的溶解物质也随之得以去除。有时泡沫形成不明显，但位于泡沫分留的表层水中所含的溶质浓度比底层高得多，可以适当排除以达到过滤效果。影响泡沫分馏的因素很多，如水的化学性质（pH、温度、盐度），溶质的化学性质（稳定性、均衡性、相互作用、浓度等），分馏装置的设计（形状、深度）等，另外充气量、气泡大小等都会影响泡沫分馏的效果。

2. 活性炭过滤

活性炭过滤是日常生活中常见的水过滤方法。也用于小型或室内水产养殖系统的水处理。一般是将活性炭颗粒放置在一个柱形、鼓形的塑料或金属容器中，水从容器的一端进入，在活性炭的作用下得以净化，停留一定时间后再流入养殖池。活性炭的作用主要是去除浓度较低的非极性有机物以及吸附一些重金属离子，尤其是铜离子。用酸处理的活性炭也可以去除氨氮，但几乎不会用于水产养殖。

当水从活性炭过滤床的一端进入，靠近进水端的活性炭可以迅速吸附水中溶质分子，随着水流继续进入，很快进水口端的活性炭逐渐失去了吸附能力，吸附作用需要离进水口稍远的滤材，这样逐步向出水口转移，直至整个滤床的吸附趋于饱和，净化能力迅速衰减，此时系统处于临界点，已无法继续净化水质，除非对活性炭进行重新处理或更换新滤床。

活性炭过滤通常与生物过滤系统联合使用，起到净化完善作用。如果经过生物过滤的水中仍含有较高浓度的氨氮或亚硝酸氮，则细菌会很快在活性炭表面附着生长，堵塞活性炭表面微孔，从而降低其吸附作用。

活性炭的材料来源很广，可以是木屑、锯粉、果壳、优质煤等，将这些原料用一定的工艺设备精制而成。其生产过程大致可分为炭化—冷却—活化—洗涤等一系列工序。

活性炭净化水的原理是通过吸附水中的溶质起净化作用，因此活性炭的表面积越大，吸附能力越强，净化效果越好。在活化过程中，使活性炭颗粒表面高度不规则，会形成大量裂缝孔隙，大大增加表面积，一般 1 g 活性炭的表面积可达 $500\sim1\,400\ m^2$。

活性炭的吸附能力与许多因素相关。首先取决于溶质的特性尤其是在水中的溶解度，越疏水，就越容易被吸附。其次是溶质颗粒对活性炭的亲和力（化学、电、范德华力）。另外与活性炭表面的已吸附的溶质数量直接相关，越是新活性炭滤床，具有更多的空隙，吸附能力越强。pH 由于能对溶质的离子电荷发生作用，因此也影响活性炭吸附能力。温度对活性炭的吸附能力也起作用。温度升高，分子活动加强，就会有更多的分子从活性炭表面的吸附状态逃离。

3. 离子交换过滤

离子是带电荷的原子或原子团。有的带正电荷，如 NH_4^+，Mg^{2+}，称为阳离子；有的带负电荷，如 F^-，SO_4^{2-}，称为阴离子。

离子交换的材料通常是一类多孔的颗粒物，通称树脂。在加工成过滤材料时，有许多离子结合在其中。将树脂如同活性炭一样，放置在一个容器中制成滤床，当水流入树脂滤床时，原先与树脂结合的一些离子被释放出来，而原来水中一些人们不需要的离子与树脂结合，水中的离子和树脂中的离子实现了交换，这一过程就称为离子交换。树脂可以根据需要制成阳离子交换树脂或阴离子树脂。树脂交换的能力有限，由于海水中各种阴、阳离子浓度太高，无法用于海水，一般只用于淡水养殖系统。

在水产养殖中使用最多的离子交换树脂是沸石（zeolite）。沸石是一种天然硅铝酸盐矿石，富含钠、钙等。沸石通常是用于废水处理、软化水质的，有些沸石如斜发沸石可以去除氨氮。各种树脂、沸石对于离子的交换有其特有的选择性，如斜发沸石对离子的亲和力从高到低依次是：K^+、NH_4^+、Na^+、Ca^{2+}、Mg^{2+}。离子交换的能力也受 pH 的影响。

如果水体有机质含量较高的话，在离子交换之前先进行活性炭处理或者泡沫分馏，因为有机质很容易附着在树脂表面阻碍离子进行交换。被有机质附着的树脂滤床也可以用氢氧化钠（NaOH）或盐酸清洗，但处理过程一定要谨慎，清洗不当，很可能影响其离子交换功能。

在经过一段时间的水处理后，离子交换树脂会达到一种饱和状态，此时，需要进行更新处理。每一种树脂材料都需要有特殊的方法来处理。如斜发沸石的再处理方法是在 pH 为 11～12 的条件下，将沸石置于 2%的氯化钠（NaCl）溶液中，用钠离子取代结合在树脂中的离子。其他树脂也有各自特别的方法来处理，一般生产厂家会有比较详细的说明。

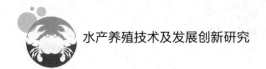

二、水的消毒

消毒（disinfecting）一词的意思是杀灭绝大多数可能进入养殖水体中的小型或微型生物，目的是防止这些生物可能带来疾病，或成为捕食者，或与养殖生物竞争食物和空间。消毒与灭菌（osterilization）一词意义不完全相同，后者是要消灭水中所有生命。从养殖角度讲，既无必要，也不现实、不经济。紫外线、臭氧和含氯消毒剂是水产养殖使用最广、效果最好的消毒方法。

（一）紫外线消毒

紫外线是波长在 10～390 nm 范围的电磁波，位于最长的 X 射线和最短的可见光之间。紫外线可以有效杀死水中的微生物，前提是紫外波必须照射到生物，而且被吸收。一般认为紫外线杀菌的原理是源于紫外线能量，但其作用机理仍在探讨之中。有学者认为是由于细胞核中的分子因为吸收了紫外线后导致其不饱和键断裂，首当其冲的是嘌呤和嘧啶分子。消毒效果最好的紫外线波长是 250～260 nm。

不同生物对紫外线的敏感程度各不相同，因此在消毒时，要根据实际情况调整控制紫外线波长和照射时间。紫外线通常被用于杀灭细菌、微藻以及无脊椎动物幼体，其实对杀灭病毒的效果也很好，如科赛奇病毒（coxsackie virus）、脊髓灰质炎病毒（poliovirus）等。一般认为紫外线对于动物的卵或个体较大的生物杀灭效果较差，一条通俗的规则是：如果能肉眼可见，则常规紫外线就不易杀灭了。

在紫外线消毒过程中，影响消毒效果的因素有许多，当然最关键的是紫外线的强度和照射时间，相比之下，温度、pH 的影响显得很微小。

在纯水中，紫外线光波几乎没有被吸收，可以全部用于消毒，因此消毒效果最好。当水中溶解了物质以后，溶解颗粒会吸收紫外线的能量，因此溶解物大小和浓度对于紫外线的强度就会产生影响。有实验证明，氨氮和有机

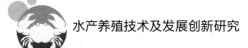
氮对常规使用波长的紫外线的消毒效果有显著的影响。

由于紫外线消毒取决于射线的强度和照射时间，因此接受处理的水量越小，消毒越彻底。如果水量较大，则照射时间需要越长，水流速度越慢。因此这种消毒方法一般适合小规模水产养殖的水处理。紫外线消毒的优点是方法简便实用、消毒彻底，而且不会改变水的理化特性，水中没有任何残留，即使过量使用也无不良影响。

紫外线消毒系统生产厂家关注的焦点是光源即水银蒸气灯。它的工作原理是电流通过紫外灯时，激发汞原子回到初始低能量状态，同时发出紫外射线。生产上常用的紫外灯有两种形式：悬挂式和浸没式。

悬挂式紫外消毒由反射板和一组灯管组成，悬挂在即将通过水流的水槽上方 10～20 cm，水槽可以设置挡板控制水流（图 2-2-2）。紫外灯的数量、间距、悬挂高度都必须确保紫外射线直接照射进所处理的水体，否则就是浪费紫外线能量。浸没式紫外消毒器是将紫外灯安置在石英管中，并将其安置在水流将流过的水槽内部（图 2-2-3）。两种消毒器都需注意保持水银蒸气灯的清洁。悬挂式要防止水溅，留下水迹，浸没式同样需要经常擦洗防止脏物黏附石英管表面，影响照射效果。

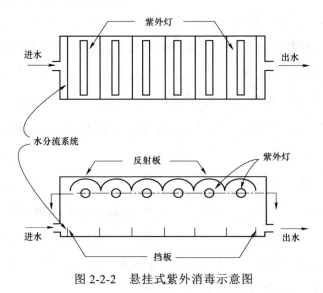

图 2-2-2　悬挂式紫外消毒示意图

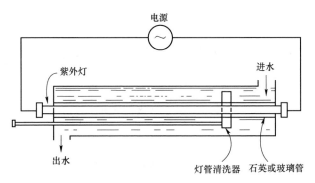

图 2-2-3 浸没式紫外消毒示意图

（二）臭氧消毒

臭氧（O_3）与氧分子属同素异形。由于臭氧可以有效去除水中异味、颜色，因此被广泛用于处理废水，在欧洲已经有近百年的使用历史。20 世纪末逐步推广使用于水产养殖，尤其是室内封闭系统养殖和苗种培育系统。

臭氧是一种不稳定的淡蓝色气体，带有一种特殊的气味。当臭氧进入水中还原为氧气时，会释放热量，提升水温。由于臭氧很不稳定，无法运输，因此水产养殖场都需要自购臭氧发生器，即产即用。臭氧发生器是使用一定频率的高压电流（4 000～30 000 V）制造高压电晕电场，使电场内或周围的氧分子发生电化学反应，从而产生臭氧。

臭氧作为高效消毒剂是因为它的强氧化性，同时它又具有很强的腐蚀性和危险性。臭氧可以与塑料制品发生反应，但对玻璃和陶瓷没有作用。臭氧杀灭病毒的效果最好，对细菌效果也很好，作用机理是通过破坏其细胞壁。

臭氧在水中的溶解度比氧高得多，约为 570 mg/L（水温 20 ℃），是氧气的几十倍，但小于氯气。其溶于水后的反应方程式如下。

$$O_3 + H_2O \rightarrow HO_3^+ + OH^- \rightarrow 2HO_2$$

$$HO_2 + O_3 \rightarrow HO + 2O_2$$

$$HO + HO_2 \rightarrow H_2O + O_2$$

自由基 HO_2 和 HO 都是强氧化剂，在水中很快转化为 O_2，HO_2 和 HO

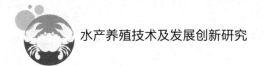

在水中作用的原理可能有以下两方面。

（1）无机的：如将硫化物或亚硫化物转化为硫酸盐，亚硝酸盐转化为硝酸盐，氯化物转化为氯，亚铁、镁离子转化为不溶于水的离子形态形成沉淀。

（2）有机的：通过破坏有机物的不饱和键而消除腐殖酸、农药、酚类及其他有机物的危害性。

经过臭氧处理的水对某些水产养殖品种是有害的，尽管臭氧在水中很快就分解为氧。如果经过臭氧处理的水再用活性炭处理，就不再有危害。

臭氧消毒效果取决于气体与微生物的直接接触，接触面小，效果就差。因此在臭氧处理水时，需要确保气体与水的充分混合，一般通过充气就可以达到臭氧与水充分混合的目的。

（三）氯化消毒

氯气（含氯消毒剂）是最常使用的消毒产品，价格低廉，使用方便，形式多样，广泛应用于工、农业及日常生活中，在水产养殖中应用也越来越广泛。氯气是一种绿黄色气体，具有强烈的刺鼻气味，可以通过电解 NaCl 进行商业化生产。市场上销售的含氯消毒剂有多种形式，如高压状态下的液态氯气，干粉状的次氯酸钙 $[Ca(ClO)_2]$，或液体的次氯酸钠（NaClO）氯气易溶于水，在 20 ℃条件下，溶解度为 700 mg/L，与其他氯素元素一样，氯也是因其强氧化功能而杀菌的。

氯的杀菌机制到目前为止还不是很清楚。一种观点认为，氯进入细胞后与一些酶发生反应，这是基于氯容易与含氮化合物结合，而酶就是一类蛋白质，由许多含氮的氨基酸所构成。自由氯越容易穿透细胞膜进入细胞，其杀菌效果就越好。实验表明，次氯酸比次氯酸离子更容易进入细胞，因此其消毒效果更好。这也就是含氯消毒剂在低 pH 条件下消毒效果更好的原因。

在讨论氯化学时，还有一些专用术语需要加以关注。水中没有与其他物质结合反应的 HClO 和 ClO 称为自由余氯（free residual chlorine）；与水中所有有机物和非有机溶解物发生反应所需的氯的数量称为需氯量（chlorine demand）。氯与水中氨氮反应产生氯胺（cloriamines），氯胺也具有杀菌效果，其数量反映了水中综合有效氯的含量。氯胺的消毒反应比自由氯慢，但在高 pH 条件下，速度加快。

当水中加入足够的有效氯后，会导致氯直接将氨氮氧化成为氮分子（N_2），这一反应称为断点反应（breakpoint reaction），其反应式如下：

$$NH_4^+ + 1.5HClO \rightarrow 0.5N_2 + 1.5H_2O + 2.5H^- + 1.5Cl^-$$

注意，上式中有一项反应产物是 Cl^-，它可以与水结合再产生 HClO。

有余氯残留的水不适宜进行水产养殖，必须在放养生物之前去除余氯。去除余氯的方法有很多种。如果余氯残留量很大，则用二氧化硫处理效果最好。通过添加二氧化硫使氯转化为氯化物或亚硫酸盐，进而转化为硫酸盐离子。但此种方法比较适宜于较小的水体，对于大规模的水产养殖用水未必合适。其他去除余氯的方法有离子交换，充气、贮存，活性炭等。氯胺不像氯能够被活性炭处理。一般在低 pH 条件下，余氯的去除效果较好。

除了处理养殖用水，其他进排水管道，养殖池底、池壁也大多用含氯消毒剂进行处理。

三、水的充气

对于水产养殖者来说，有一项十分关键的指标就是水中的氧气含量，也就是溶解氧。所有的动物都需要氧气维持生命。植物虽然在阳光充足的条件下能通过光合作用来制造氧气，但在晚上或阴天，也需要耗氧。因此，作为一个水产工作者，不能只依靠植物制造的氧气来维持动物的生存，尤其在养殖密度较大的情况下。溶解氧的需求因养殖动物的生存状况、水温、放养密度以及水质条件等而不同。

增加水中氧气的方法有多种，最常用的是将空气与水混合，使空气中的氧气（占空气的 21%）穿过气/液界面，溶解于水中。氧气溶解于水受以下因素制约。（1）浓度梯度：如果水中氧气浓度较低，则溶解较快。（2）温度：随着温度的升高，溶解度降低。（3）水的纯度：水中溶质影响氧气的溶解，

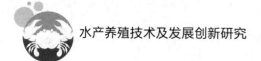

即盐度越高溶解度越低。（4）水的表面积：多数情况下，与空气接触的水表面积是影响氧气溶解度的最重要因子，通过增加空气与水的接触面，可有效增加溶解氧的浓度。大多数增氧技术就是根据这一原理而设计的。

另外需要考虑的是水的垂直运动。在一个相对静止的池塘，表层水通常溶解氧很高，而底部却很低。因此在养殖时，要设法使池水进行垂直运动，即使底部水上升到表层，表层含氧量高的水降到底部，从而避免底部因缺氧而形成厌氧状态。此类问题在夏天特别容易发生，因为夏天的池塘容易形成温跃层，阻隔上下水层的交流。

充气系统大致可以分为四类：重力充气、表层充气、扩散充气以及涡轮充气。

（一）重力充气

重力充气是最常见和实用的充气方法，其原理是将水提升到池塘或水槽的上方，使水具有重力势能，下落时势能转化为动能，使水破散成为水珠、水滴或水雾，充分扩大了水与空气的接触面，从而增加氧气的溶入。

（二）表层充气

表层充气与重力充气有相似的原理，利用一些机械装置搅动表层养殖水体，将水搅动至水面上，然后落回池塘或水槽，增加水与空气的接触，从而达到增氧的目的。通常有如下 3 种形式：水龙式、喷泉式、漂浮叶轮式。

1. 水龙式充气

水龙式充气常用于圆形的养殖水槽。水通过一个水龙注入水槽水面，由于水压动力通过水龙射入水体，使水体流动，不仅起到增氧的目的，而且还能形成一股圆形的水流。

2. 喷泉式充气

喷泉式充气是通过一种螺旋桨实现的。螺旋桨一般设置在水面以下，旋转时，将表层和亚表层的水搅动至空气中。氧气的溶解度取决于螺旋桨的尺寸大小，设置深度以及旋转速度。

3. 漂浮叶轮式充气

漂浮叶轮式是一种流行的增氧方式。与旋式不同，这种方式增氧其机械装置是浮在水面的，而旋转的叶轮一半在水面，另一半在水下。这种方式增氧效果好，能量利用率最高。通过叶轮驱动水体，不仅达到增氧效果，而且还能使池水产生垂直流动和水平流动。这种机械装置可以多个并列同时工作。其增氧效果同样取决于叶轮的大小和旋转速度。

（三）扩散充气

扩散充气的作用也是使水和空气充分接触，所不同的是将空气充进水体，氧气通过在水中形成的气泡扩散至水中。扩散充气的效果取决于气泡在水中停留的时间，停留时间越长，溶入水中的氧气越多。如果需要，充入水中的可以不是空气，而是纯氧。由于氧浓度梯度差，纯氧的增氧效果远好于压缩空气，但纯氧的成本也比压缩空气高。

扩散充气装置也有多种，如简单扩散器、文丘里（Venturi）管扩散器、U 形管扩散器等。

气石是最常用的空气扩散器，将一个连接充气管的气石放置于养殖池池底，气石周围即会冒出许多大小不等的气泡，这些气泡从水底一直漂浮到水面，氧气通过气泡溶入水中。在气泡上升过程中，一些小气泡在水中不容易破裂，可以一直升到水表层，从而带动一部分底层水上升，有助于池水的混合，均匀分布。

文丘里扩散器是通过压力下降使水流高速流过一个限制装置（图 2-2-4）。在这限制装置中，有一个与空气连通的开口，在水流高速流过这个限制装置时，会有一部分空气通过开口进入水流，产生水泡，氧气溶入水中。这种扩散器的优点是不需要专门的空气压缩器。

U 形管扩散器的设计较简单，其原理是增加气泡在水中的驻留时间。水从 U 形管一端流入，同时注入空气形成气泡，水流的速度要比气泡上升的速度快，保证气泡能沉至底部，然后从另一端上升随水溢出（图 2-2-5）。氧气的溶解度与气体的成分（空气还是纯氧）、气泡的流速、水流的速度、U 形管的深度相关。

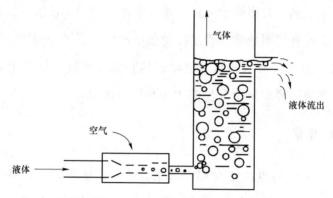

图 2-2-4　文丘里气体扩散器示意图

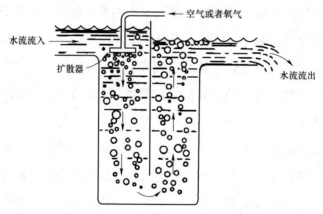

图 2-2-5　U 形管气体扩散示意图

四、水的除气

充气是往水中注入气体如氧气，而除气是消除水中的气体如氮气。由于氮气是大气中的主要气体，占 78%，因此，溶于水中的主要气体也是它。高浓度的氮气溶于水会达到过饱和状态，从而引起水生动物气泡病（即在鱼类、贝类等生物血液内产生气泡）。气体过饱和是一种不稳定状态，通常是由于池塘养殖水体在遇到物理条件异常变化时发生，如温度、压力的变化。

一般水生生物可以在轻度气体过饱和状态（101%～103%）下生活。水中氮气过多的话，可以通过真空除氮器或注入氧气等方法消除。

　　总的来说，鱼类、甲壳类和贝类必须生活在良好的水环境中。养殖用水在进入养殖系统之前可以通过物理、化学和生物方法进行处理并得到改善。处理方法需要根据养殖生物种类、养殖系统以及水源的不同来选择应用。

　　除去水中颗粒物可以增加水的透明度，为藻类生长带来更多阳光，也可以防止它们黏附动物鳃组织，影响呼吸或堵塞水管，还可以防止一些生物颗粒成为潜在的捕食者和生存竞争者。机械过滤可以消除一些大颗粒物，而沉淀过滤则可以使一些比水略重的颗粒物沉降到底部。溶解性营养物质会导致一些微藻和细菌过量繁殖，而且对养殖生物也可能有直接危害，可以通过生物过滤方法予以去除，主要是通过一些细菌将氨氮转化为硝酸盐。水中营养物质或一些溶质也可以通过化学过滤方法予以去除，如活性炭和离子交换树脂，前者是利用溶质的疏水性质，后者是通过树脂中的无害离子与水中相同电荷的有害离子进行交换。

　　养殖用水需要消毒处理，以防止微生物和一些动物幼体在养殖系统中生长繁殖。通常的消毒方法有紫外线消毒（水银蒸气灯）、臭氧（高压电流产生高压电晕电场激发氧化学反应）以及含氯消毒剂（在水中形成高效氧化剂，$HClO$、OCl^-）。

　　充气的目的是增加养殖水体中的溶解氧浓度。溶解氧浓度低会导致动物生长缓慢，食物消化率降低，所以必须经常检测水中溶解氧浓度。增氧的方法有：（1）重力充气，即提升部分水体离开水面待其下落时使空气中的氧融入于水；（2）表层充气，利用机械装置搅动表层水至空中，充分与空气接触；（3）扩散充气，即将空气或氧气注入水中形成气泡使氧溶于水。

　　除气的目的是消除水中过多的氮气以防止养殖动物血液内产生气泡导致气泡病。消除方法有使用真空除氮器或直接在水中充氧。

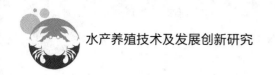

第三节　水产养殖所需的营养与饲料

一、水产动物所需的营养

（一）所需的营养物质类别

1. 蛋白质的营养

（1）蛋白质的组成结构

蛋白质由各种氨基酸组成，动植物体蛋白质的氨基酸只有 20 种，组成蛋白质的元素有 C、H、O、N、S，少数含有 P、Fe、Cu、I 等。

（2）蛋白质的营养生理作用

供体组织蛋白质的更新，修复以及维持体蛋白质现状；用于生长（体蛋白的增加）；组成机体各种激素和酶类等具有特殊生物学功能的物质；作为部分能量来源。

（3）蛋白质、氨基酸的质量与利用

蛋白质的质量是指饲料蛋白质被消化吸收后，能满足动物新陈代谢和生产对氮和氨基酸需要的程度。饲料蛋白质越能满足动物的需要，其质量就越高，其实质是指氨基酸的组成比例（模式）和数量，特别是必需氨基酸的比例和数量越与动物所需要的一致，其质量就越好。

必需氨基酸：在鱼虾体内不能合成或者合成量很少，不能满足它正常的生理需要，必须由饲料供给的氨基酸。

非必需氨基酸：鱼体自身能够合成而不需要从饲料中获得的氨基酸。

氨基酸平衡：是指饲料中必需氨基酸种类齐全，且含量及其比例符合鱼虾需要。

理想蛋白质：是指这种蛋白质的氨基酸在组成和比例上与动物所需的蛋白质氨基酸的组成和比例一致。

（4）蛋白质营养价值的评定

蛋白价（Protein Score，PS）：是指待测蛋白质的必需氨基酸含量与标准蛋白质中相应的必需氨基酸含量的百分比，其比值最低的那种必需氨基酸的比值，则为该待测蛋白质相对于标准蛋白质的化学比分。此指标未考虑其他必需氨基酸的缺乏，只能说明与标准蛋白质相比较，各种蛋白质第一限制性氨基酸缺乏的程度。

增重率（%）$=(W_t - W_0)/W_0 \times 100\%$。该式中，$W_t$ 指终末体质量；W_0 是指初始体质量。

蛋白质效率（Protein Efficiency Ratio，PER）=体重增加量/蛋白质摄取量 $\times 100\%$，即动物摄入单位蛋白质的体重增加量。

2. 碳水化合物的营养

（1）碳水化合物的一般生理功能

碳水化合物是鱼虾体组织细胞的组成成分，也是合成体脂的重要原料；当饲料中含有适量的糖类时，可减少蛋白质的分解供能，同时 ATP 的大量合成有利于氨基酸的活化和蛋白质的合成，从而提高了饲料蛋白质的利用率。

（2）水生动物对碳水化合物的利用特点

鱼虾利用糖类的能力较其他动物低，且随鱼的食性、种类不同差异很大，其原因为胰岛素量不足，糖代谢机能低劣。

不同种类糖类的利用率随鱼的种类而异。有些鱼类对低分子糖类的利用率较高分子糖类高，但有些鱼类的研究表明，不同分子量的糖类利用率相似或对糊精、淀粉的利用率略高于单糖。鱼类对低分子糖类的消化率高于高分子糖类，而对纤维素则几乎不能消化。肉食性越强的鱼类对糖类的利用能力越低。

3. 脂类的营养

（1）脂类的种类和性质

按其结构分为中性脂肪（油脂或甘油三酯，是三分子脂肪酸甘油形成的脂类化合物）和类脂质（有的成脂，有的不成脂，常见的有醋、磷脂、糖脂、

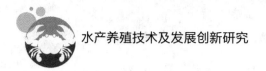

固醇）。而脂类的性质决定于脂肪酸。

（2）脂类的生理功能

脂类是鱼虾类组织细胞的组成成分，如磷脂、糖脂参与构成细胞膜，各组织器官都含有脂肪。脂肪是体内绝大多数器官和神经组织的防护性隔离层，保护和固定内脏器官；是鱼虾能量储备的一种最好形式；是脂溶性维生素的溶剂，有利于在体内的运输；可作为某些激素和维生素的合成原料；节省蛋白质，提高饲料蛋白质的利用率。

（3）脂肪的消化与利用

鱼虾能有效地利用脂肪并从中获取能量，但对脂肪的吸收利用受多种因素的影响，其中脂肪的种类对脂肪的消化吸收率影响最大。鱼虾对熔点低的脂肪消化吸收率高。饲料中 Ca 含量过高，多余的 Ca 会与脂肪螯合，使脂肪消化率降低，充足的 P、Zn 等矿物质可促进脂肪的氧化，避免脂肪在体内大量沉积。维生素 E 防止并破坏脂肪代谢过程中的过氧化物。胆碱是合成磷脂的主要原料，胆碱不足，会使脂肪在体内的转运和氧化受阻，易导致脂肪肝。饲料中必需脂肪酸（EFA）缺乏，不同的鱼表现不一样（食欲下降、生长受阻、免疫力下降）。

4. 维生素的营养

存在于天然食物中间或者由动物体内外微生物合成的一类由 C、H、O 间或有 S、N 等元素组成的低分子化合物，它们在动物体内含量很低，不是结构物质及能源物质，而是以辅酶和催化剂的形式参加体内代谢多种化学反应，从而保证机体组织器官的细胞结构和功能正常，维持健康和生产。动物对它们的需要量尽管很小，但缺乏会引起代谢紊乱，影响健康甚至生命，它们必须由饲料供给。按其溶解性分为脂溶性维生素和水溶性维生素，脂溶性维生素包括维生素 A、维生素 D、维生素 E 和维生素 K，水溶性维生素包括维生素 B_1、核黄素（维生素 B_2）、胆碱（维生素 B_4）、烟酸或烟酰胺（维生素 B_5）、吡哆素（维生素 B_6）、生物素（维生素 B_7）、叶酸、氰钴素（维生素 B_{12}）、肌醇、维生素 C 等。

对于脂溶性维生素，动物组织有较强的积蓄能力，大量添加可能会造成中毒；对于水溶性维生素，则很少在组织中积蓄。一旦供应不足就易造成缺乏症；供给过多会经肾脏排出，一般不会表现出中毒现象。

（二）各营养物质的需要量

1. 蛋白质与必需氨基酸的需要量

（1）蛋白质的需要量和饲料中的适宜含量

鱼类对蛋白质的需要量较低，其中鲤鱼、草鱼和鲮鱼等（杂食性和草食性）温水性鱼类的需要量较虹鳟（肉食性）等冷水性鱼类低。水产养殖动物对蛋白质的最适需要量有一定差异，中华绒螯蟹和中华鳖对蛋白质的最适需要量低于鱼类。各种鱼类的蛋白质最适需要量也不相同，其中团头鲂和鲮鱼低于尼罗罗非鱼、鲤鱼和虹鳟鱼，草鱼最高。

（2）必需氨基酸的需要量及其比例

饲料中必需氨基酸的适宜比例，反映饲料及其蛋白质的质量。虽然在一般情况下，必需氨基酸与饲料蛋白质含量正相关，但蛋白质含量相同的饲料，由于蛋白源不同，必需氨基酸的含量与比例可能差异很大。因此，饲料中必需氨基酸的适宜含量与比例对动物生长发育要比饲料蛋白质适宜含量更为重要。

各类养殖动物饲料中赖氨酸、精氨酸、蛋氨酸和苯丙氨酸等必需氨基酸的适宜含量与食性密切相关。肉食性的中国对虾、虹鳟、青鱼、真鲷鳗鲡、中华鳖等饲料中赖氨酸精氨酸、蛋氨酸和苯丙氨酸含量占饲料的百分比分别高于2.0%、2.0%、1.0%和1.3%，而杂食性鲤鱼、尼罗非鱼和草食性的草鱼、团头鲂饲料中上述四种必需氨基酸的适宜含量分别低于2.0%、2.0%、0.8%、1.3%。同种动物幼体饲料必需氨基酸的适宜含量适当高于成体，如幼鲤鱼饲料中赖氨酸、精氨酸、蛋氨酸和苯丙氨酸的适宜含量分别为 2.8%、1.9%、1.4%和2.9%，而成鲤鱼则分别为1.5%、1.1%、0.8%和1.8%。

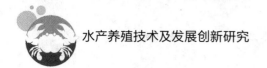

2. 脂肪与必需脂肪酸的需要量

水产动物对脂肪需要量较少，种间差异也不大，饲料中脂肪适宜含量一般为 6%左右。同种水产生物的幼体对脂肪需要量略高于成体，在饲料中适量添加脂肪可降低蛋白质的消耗。

20 世纪 70 年代末以来，国内外开展了水产养殖动物对必需脂肪酸及其需要量的研究，迄今基本探明了主要养殖鱼类和虾蟹类对各类必需脂肪酸的需要量。主要养殖动物饲料中各类必需脂肪酸的适宜含量，一般占饲料的0.5%～2.0%。饲料中必需脂肪酸含量过高，不仅不利于饲料储藏，还会抑制动物生长发育。

3. 糖类的需要量

水产动物对糖类的需要量比家畜、家禽少，并与食性有关。虾蟹类、肉食性鱼类（虹鳟、青鱼、鳗鲡等）和中华鳖饲料中糖类适宜含量一般低于 30%，而草食性草鱼、杂食性鲤鱼尼罗罗非鱼饲料中糖类的适宜含量高于 30%。

饲料中粗纤维的含量一般都较低，限量不得超过 10%，幼体的限量在3%左右，个别鱼类（如鲮鱼）饲料中粗纤维含量高达 17%。

4. 维生素的需要量

水产养殖动物对维生素的需要量分为最小必需量、营养需要量、保健推荐量和药理效果期待量四个剂量级。最小必需量是预防出现缺乏症的剂量；营养需要量是满足动物正常健康生长发育的剂量；保健推荐量是动物处于不良环境条件下的需要量，比营养需要量多 1 倍左右；药理效果期待量是为防治某些疾病，大幅度增加的剂量，药理效果期待量高达营养需要量的10 倍。

各种水产养殖动物饲料中维生素适宜含量的差异较大，其中中国对虾、虹鳟和鳗鲡对脂溶性维生素的需要量较高，而鲤鱼与中华鳖的需要量较低。同种动物不同研究者提供的需要量也有较大差异。这说明水产养殖动物对维生素的需要量是相对的，随环境条件个体发育阶段不同而发生相应变化。

二、水产饲料介绍

（一）饲料原料的种类

天然饲料资源包括动植物和矿物质。动植物饲料资源多种多样，绝大多数都可以单独作为饲料，称单一饲料。配合饲料的原料主要指的是天然动植物及其加工的副产品。

饲料原料的分类方法较多，其中哈里斯（Harris，1956）分类方法又称国际饲料分类法，它是根据饲料原料的营养特性，将其分为八大类，并实行了国际饲料编码。我国传统的饲料（原料）分类是按其来源、理化性状及动物的消化特性，将饲料原料分为植物性、动物性、矿物质等，其缺点是不能反映出饲料的营养特性。目前我国的饲料分类方法是通过借鉴综合国际分类原则和我国传统的饲料分类法建立起来的，共分 16 类并具有统一编号及国际分类编码。根据配合饲料的主要营养性来源或饲料原料的主要营养特性，可将饲料原料分为蛋白质饲料原料、能量饲料原料。

1. 蛋白质饲料原料

蛋白质饲料原料是配合饲料蛋白质的主要来源，其蛋白质含量高于 20%，分为植物性蛋白饲料原料、动物性蛋白饲料原料和单细胞蛋白饲料原料。

（1）植物性蛋白饲料原料

① 豆科籽实。豆科籽实的共同特点是蛋白质含量高（20%～40%），蛋白质品质好（表现为植物性饲料中限制性氨基酸之一的赖氨酸含量较高），糖类含量较低（28%～63%），脂肪含量较高（大豆含脂量在 19%左右），维生素含量较丰富，磷的含量也较高。这类饲料原料的主要缺点是蛋氨酸含量较低，含有抗胰蛋白酶、植酸等抗营养因子。目前，世界各国普遍使用全脂大豆作为配合饲料的主要蛋白原料。

② 油饼与油粕类。油料籽实采用压榨法榨油后的残渣为油饼，采用溶剂浸出提油后的产品叫油粕。这类原料包括豆饼（粕）、棉籽饼、花生饼、葵

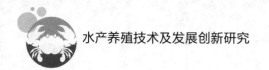

籽饼、菜籽饼、芝麻饼等。

（2）动物性蛋白饲料原料

动物性蛋白饲料主要包括鱼粉、骨肉粉、血粉等，蛋白质含量较高且品质好，必需氨基酸含量高且比例也适合动物需要；含糖量低，几乎不含纤维素；脂肪含量较高，灰分也较多，B 族维生素含量较丰富。

（3）单细胞蛋白饲料原料

单细胞蛋白（SCP）饲料也称微生物饲料，是一些单细胞藻类（螺旋藻、小球藻）、酵母菌（啤酒酵母、饲料酵母等）、细菌等微型生物体的干制品，是配合饲料的重要蛋白源，蛋白质含量高（42%～55%），蛋白质质量接近于动物蛋白质，蛋白质消化率一般在 80% 以上，赖氨酸、亮氨酸含量丰富，但硫氨基酸含量偏低，维生素和矿物质含量也很丰富。

2. 能量饲料原料

能量饲料原料是组成配合饲料能量的主要组分或是配合饲料能量的主要来源，其糖类和脂肪的含量较高，但蛋白质含量低于 20%，纤维素低于 18%，包括谷实类、糠麸类、饲用油脂等。

（二）饲料添加剂

1. 饲料添加剂的含义

饲料工业包括饲料原料、饲料添加剂、饲料加工和饲料机械。配合饲料由蛋白质饲料原料、能量饲料原料和添加剂组成，经过饲料机械加工成型。

饲料添加剂是在配合饲料中添加的少量或微量非能量物质，目的是完善饲料的营养性、改善适口性、提高饲料的摄食率与转化率、促进动物生长发育和预防疾病、减少饲料在加工与运输储藏过程中营养物质损失以及改善动物产品的质量。饲料添加剂在配合饲料中用量虽微，但作用却很大，可大幅度提高配合饲料的质量和效价（30%左右），降低饲养成本。

（1）饲料添加剂应具备的条件

作为饲料添加剂，应能促进动物生长发育且无任何毒害作用；在饲料及动物机体中具有较好的稳定性；不影响饲料适口性和消化性；在动物体内残留量不超过规定标准，不影响动物产品质量；选用的化工原料应符合质量标准，有毒重金属等含量不得超过允许安全限量。

（2）添加剂预混料

添加剂预混料是一种或多种饲料添加剂与载体或稀释剂按一定比例配制的均匀混合物。动物对饲料添加剂的需要量很少，如果把这些微量物质直接加入饲料中，不仅配料麻烦，而且很难混合均匀，因此需要在添加剂中填充大量（70%～90%）载体或稀释剂配制成添加剂预混料。

我国饲料添加剂的研究工作起步较晚，随着饲料工业的迅速发展，于20世纪 80 年代初先后开始进行畜禽和水产动物饲料添加剂的研制工作。迄今为止，我国许多单位相继开展了主要水产养殖动物（虾蟹类、鱼类和中华鳖）饲料添加剂的研制工作并取得可喜成果，其产品广泛应用于养殖业中。

2. 饲料添加剂的配方设计

（1）添加剂预混料配方设计的有关概念

① 添加剂的量和量段效应。量是指饲料添加剂产品的使用数量，添加剂在一定时间、特定剂量范围内，剂量越大，效力越强。但当超出特定时间和剂量范围时，添加剂就发挥不了应有作用，甚至会引起不良结果。

量段效应是指在特定时间内，不同剂量的添加剂作用于动物机体会出现多种不同的效果，如正常作用、中毒、死亡等。同样适用于饲料添加剂。

② 常用量、极量、中毒量和死亡量。常用量即为正常剂量的最低有效量，极量为最高限用量或最高允许量，中毒量为发生中毒现象的剂量，死亡量为导致死亡的剂量。

（2）配方设计的基本原则

设计饲料添加剂的基本原则包括：有效性，即保证动物的需要；安全性，即保证养殖动物和人体健康，要严格遵守国家对添加剂产品的限用、禁用、用法、用量等方面的规定；经济性，即要维持企业和用户的经济利益，尽可能选用来源广、价格低、效价高的原料。

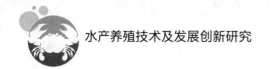
（3）配方设计的内容与方法步骤

根据饲养对象的营养要求确定配制饲料添加剂的种类、名称（常用名、商品名），适用对象名称、年龄等；确定添加剂预混料的有效成分和在饲料中的添加量；确定选用的添加剂原料（名称、规格等）和用量（纯原料量与商品原料量）；确定载体名称、规格并计算其用量；注明添加剂的功能、用途、作用机理、工艺要点与质量标准、使用方法与剂量、休添与停添时限、包装单位及包装要求、储存条件要求、有效期限等。

第四节　水产苗种培育的供给设施

一、水产养殖的供水系统

供水系统是水产苗种培育场最重要的系统之一。一般来讲，完整的供水系统包括取水口、蓄水池、沉淀池、砂滤池、高位池（水塔）、水泵和管道及排水设施等。

（一）取水口

苗种场取水口的设置有讲究。对于淡水水源，一般设在江河的上游或湖泊的上风口端；对于海水水源，则根据地形和潮汐流向，设置在潮流的上游端。而将育苗场的排水口设置在下游端或下风口端。由于陆地径流及降雨潮汐的影响，取水口一般离岸边有一定的距离，且最好能够在水体中层取水。对于海水水源，取水口的位置应设在最低低潮线下 3～6 m 为宜。如果底质是砂质，最好用埋管取水的方法，或是在高潮线附近挖井，用水泵从井中抽水，这样不仅能获得清新优质的海水，而且还有过滤作用，还可以缩小后续过滤设施的规模。若中高潮线淤泥较多，则可用栈桥式方法取水。

（二）蓄水池

在水源水质易波动或长时间大量取水有困难的育苗场，一般应建一个大的蓄水池，起蓄水和初步沉淀两大作用，可以防止在育苗期因某种原因短期无法从水源地获得足够优良水质的困境出现。

蓄水池一般为土池，要求有效水位深，最好在 2.5 m 以上，且塘底淤泥少。蓄水池在使用前要进行清池消毒，清池消毒一般在冬季进行。消毒的药物最好采用生石灰和漂白粉，剂量通常比常规池塘消毒的浓度要大一些。采用干法清塘时，生石灰的用量为 1 500 kg/hm²，带水清塘时生石灰用量为 2 000～3 000 kg/hm²。蓄水池在清塘消毒后最好在开春前蓄纳冬水，因为寒冬腊月时节水温低、水体中浮游生物及微生物少，蓄水后水质不容易老。在春季水温回暖后，浮游植物和微生物容易滋生。此时水产动物苗种培育场的淡水蓄水池可以在池塘近岸移栽一些金鱼藻、伊乐藻等沉水植物及菖蒲等水生维管束植物，而海水蓄水池中可以栽培少量江蓠等大型海藻，以净化水质。研究表明，通常沉水植物（湿重）可脱 80 g 氮，21 g 磷。其中尤以伊乐藻的去氨能力强，但需要指出的是，伊乐藻在水温达到 30 ℃后，藻体会枯萎，此时若育苗场还在生产，蓄水池若还起蓄水作用，则应在枯萎前移去。

蓄水池的容量不应小于育苗场日最大用水量的 10～20 倍。确无条件或因投资太大可不设蓄水池，但需要加大沉淀池的容量。

（三）沉淀池

标准的育苗场应设沉淀池，数量不能少于两个。当高差可利用时，沉淀池应建在地势高的位置，并可替代高位水池。沉淀池的容水量一般应为育苗总水体日最大用水量的 2～3 倍，池壁应坚固，采用石砌或钢筋混凝土结构；池顶加盖，使池内暗光；池底设排污口，接近顶盖处设溢水口。海水经 24 h 暗沉淀后用水泵提入砂滤池或高位池。

（四）砂滤池

对于贝类育苗生产，砂滤池是非常重要的水处理设施。对于一些蓄水池或沉淀池体积相对不足甚至缺失的苗场，砂滤池也是非常重要的水处理设施。砂滤池的作用是除去水体中悬浮颗粒和微小生物。砂滤池由若干层大小不同的沙和砾石组成，水借助重力作用通过砂滤池。各育苗场砂滤池的大小规模很不一致，其中以长、宽为 1～5 m，高 1.5～2 m，2～6 个池平行排列组成一套的设计较为理想。砂滤池底部有出水管，其上为一块 5 cm 厚的木质或水泥筛板，筛板上密布孔径大小为 2 cm 的筛孔。筛板上铺一层网目为 1～2 mm 的胶丝网布，上铺大小为 2.5～3.5 cm 的碎石，层厚 5～8 cm。碎石层上铺一层网目为 1 mm 的胶丝网布，上铺 8～10 cm 层厚、3～4 mm 直径的粗砂。粗砂层上铺 2～3 层网目小于 100 μm 的筛绢，上铺直径为 0.1 mm 的细砂，层厚 60～80 cm。砂滤池是靠水自身的重力通过砂滤层的，当砂滤池表面杂物较多，过滤能力下降时，过滤速度慢，必须经常更换带有生物或碎块的表层细砂。带有反冲系统的砂滤池可开启开关进行反冲洗，使过滤池恢复过滤功能。图 2-4-1 为某育苗场的反冲式过滤塔结构。

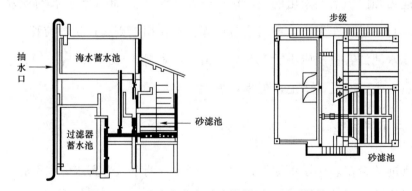

图 2-4-1　反冲式海水过滤塔剖面及平面结构

砂滤池占地面积大、结构笨重，现在市场上已有多种型号、规格的压力滤器销售。育苗场可根据用水需要选购，压力滤器主要有砂滤罐和陶瓷过滤罐。

砂滤罐由钢板焊接或钢筋混凝土筑成，内部过滤层次与砂滤池基本一致。自筛板向上依次为卵石、石子、小石子、砂粒、粗砂、细砂和细面砂。其中细砂和细面砂层的厚度为 20～30 cm，其余各层的厚度为 5 cm。砂滤罐属封闭型系统，水在较大的压力下过滤，效率较高，每平方米的过滤面积每小时流量约 20 m³，还可以用反冲法清洗砂层而无须经常更换细砂。国外也有采用砂真空过滤，或硅藻土过滤。

砂滤装置中因细砂间的空隙较大，一般 15 μm 以下的微生物无法除去，还不符合海藻育苗及微藻培养用水的要求，必须用陶瓷过滤罐进行第二次过滤。陶瓷过滤罐是用硅藻土烧制而成的空心陶质滤棒过滤的，能滤除原生动物和细菌，其工作压力为 1～2 kg/cm²，因此需要有 10 m 以上的高位水槽向过滤罐供水，或者用水泵加压过滤。过滤罐使用一段时间，水流不太畅通时，要拆开清洗，把过滤棒拆下，换上备用的过滤棒。把换下来的过滤棒放在水中，用细水砂纸把黏附在棒上的浮泥、杂质擦洗掉，用水冲净，晒干，供下次更换使用。使用时应注意防止过滤棒破裂，安装不严，拆洗时过滤棒及罐内部冲洗消毒不彻底均会造成污染。在正常情况下，经陶瓷过滤罐过滤的水符合微藻培养用水的要求。

（五）高位池

高位水池可作为水塔使用，利用水位差自动供水，使进入育苗池的水流稳定，操作方便，又可使海水进一步起到沉淀的作用。有条件建造大容量高位水池的，高位池的容积应为育苗总水体的 1/4 左右，可分几个池轮流使用，每个池约 50 m³，深为 2～3 m，既能更好地发挥沉淀作用，又便于清刷。

（六）水泵及管道

根据吸程和扬程及供水流量大小合理选用水泵，从水源中最先取水的一级水泵，其流量以中等为宜，其数量不少于两台，需要建水泵房的可选用离心泵；由沉淀池或砂滤池向高位池提水的水泵可以使用潜水泵，从而省去建

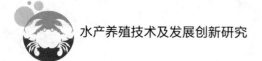

泵房的费用。输水管道严禁使用镀锌钢管，宜使用无毒聚氯乙烯硬管、钢管、铸铁管、水泥管或其他无毒耐腐蚀管材。水泵、阀门等部件若含铝、锌等重金属或其他有毒物质，一律不能使用。管道一般采用聚氯乙烯、聚乙烯管，管道口径根据用水量确定，管道用法兰盘连接，以便维修。对于抽水扬程较高的育苗场来说，水泵的出水管道直径最好是进水管道直径的 2 倍，以减少出水阻力，保证水泵功率更好地发挥。

（七）排水设施

排水系统要按照地形高程统一规划，进水有保证，排水才能通畅。要特别注意总排水渠底高程这一基准，防止出现苗池排水不尽，排水渠水倒灌的现象。排水设施有明沟或埋设水泥管道两种形式。生产及生活用水的管道应分开设置，生活用水用市政自来水或自建水源。厂区排水系统的布置应符合以下要求。

第一，育苗池排水应与厂区雨水、污水排水管（沟）分开设置。

第二，目前大多育苗场是直排，没有经过水处理。为了减少自身污染，特别是防止病原体的扩散，育苗场应该建设废水处理设施，排出水的水质应符合国家有关部门规定的排放要求，达不到要求的要经处理达标后才能排放。

第三，厂区排水口应设在远离进水口的涨潮潮流的下方。

上述供水系统中，某些水处理模块可依据生产实际进行适当的调增和删减。如对于对虾育苗场，在自然海区的浮游植物种类组成中适于做对虾幼体饵料的地区，经 150～200 目筛绢网滤入沉淀池的海水即可作为育苗用水。在敌害生物较多、水质较混浊的地区，以及采用单细胞培养工艺的育苗厂，可设置砂滤池、砂滤井、砂滤罐等，海水经沉淀、砂滤后再入育苗池。培养植物饵料用水需用药物进行消毒处理，需要建两个消毒池，两池总容水量可为植物饵料培养水体的 1/3。为杀灭水源中的病原微生物，也可通过臭氧器或紫外线消毒设备氧化或杀死水中的细菌和其他病原体，达到消毒的目的。对于一些不在河口地区的罗氏沼虾育苗场，其水处理系统中还需有配水池，内陆罗氏沼虾育苗场还需配有盐卤贮存池等。

二、水产养殖的供电系统

大型育苗场需要同时供应 220 V 的民用电和 380 V 的动力用电。供电与照明设施变配电室应设在全场的负荷中心。由于育苗场是季节性生产，应做到合理用电，减少损耗，宜采用两台节能变压器，根据用电负荷的大小分别投入运行。在电网供电无绝对把握的情况下，必须自备发电机组，其功率大小根据重点用电设备的容量确定，备用发电机组应单独设置，发电机组的配电屏与低压总配电屏必须设有联锁装置，并有明显的离合表示。生产和生活用电应分别装表计量。由于厂房内比较潮湿，所有电气设备均应采用防水、防潮式。

发电机组成本较高，对于一些电源供应基本稳定，但有可能短时间（1~2 h）临时或突然断电的地区，为保证高密度生物的氧气供应，也可通过备用柴油发动机，紧急情况时带动鼓风机运转来应急。

照明和采光一般用瓷防水灯具或密封式荧光灯具。育苗室及动物性饵料室配备一般照明条件即可；植物性饵料室要提供补充光源，可采用密封式荧光灯具，也可采用碘钨灯，但室内通风要良好。

三、水产养殖的供气系统

育苗期间，为了提高培育密度，充分利用水体，亲体培育池、育苗池和动植物饵料池等均须设充气设备。供气系统应包括充气机、送气管道、散气石或散气管。

（一）充气机

供气系统的主要充气设备为鼓风机或充气机。鼓风机供气能力每分钟达到育苗总水体的 1.5%~2.5%。为灵活调节送气量，可选用不同风量的鼓风机组成鼓风机组，分别或同时充气。同一鼓风机组的鼓风机，风压必须一致。

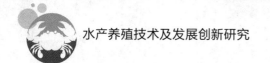

鼓风机的型号可选用定容式低噪声鼓风机、罗茨鼓风机或离心鼓风机。罗茨鼓风机风量大，风压稳定，气体不含油污，适合育苗场使用，但噪声较大。在选用鼓风机时要注意风压与池水深度之间的关系，一般水深在 1.5～1.8 m 的水池，风压应为 3 500～5 000 mm 水柱；水深在 1.0～1.4 m 水池，风压应为 3 000～3 500 mm 水柱。鼓风机的容量可按下列公式计算：

$$V_Q = 0.02(V_z + V_h) + 0.015V_{zh}$$

式中：V_Q 为鼓风机的容量（m³/min）；V_z 为育苗池有效水体总容积（m³）；V_h 为动物饵料培养池有效水体总容积（m³）；V_{zh} 为植物饵料培养池有效水体总容积（m³）。

若使用噪声较大的罗茨鼓风机，吸风口和出风口均应设置消音装置。应以钢管（加铸铁阀门）连接鼓风机与集气管。集气管最好为圆柱形，水平放置，必须能承受 24.5 N 的压力。集气管上应安装压力表和安全阀，管体外应包上减震、吸音材料。

（二）送气管道

与风机集气管相连的为主送气管道。主送气管道进入育苗车间后分成几路充气分管。充气主管及充气分管应采用无毒聚氯乙烯硬管。充气分管又可分为一级充气分管和二级充气分管。一级充气分管负责多个池子的供气；二级充气分管只负责一个池子的供气。通向育苗池内的充气支管为塑料软管。主送气管的常用口径为 12～18 cm，一级充气分管常用口径为 6～9 cm，二级充气管的常用口径为 3～5 cm。充气支管的口径为 0.6～1.0 cm。

（三）散气石或散气管

通向育苗池的充气管为塑料软管，管的末端装散气石，每支充气管最好有阀门调节气量；散气石呈圆筒状，多用 200～400 号金刚砂制成的砂轮气石，长为 5～10 cm，直径为 2～3 cm。等深的育苗池所用散气石型号必须一致，以使出气均匀，每平方米池底可设散气石 1.5～2.0 个。另一种散气装置为散气排管，是在无毒聚氯乙烯硬管上钻孔径为 0.5～0.8 mm 的许多小孔而制成的，管径为 1.0～1.5 cm，管两侧每隔 5～10 cm 交叉钻孔，各散气管间距约为 0.5～0.8 m，全部小孔的截面积应小于鼓风机出气管截面积的 20%。

四、水产养殖的供热系统

工厂化育苗的关键技术之一就是育苗期水温的调控，使之在育苗动物繁殖期处于最适宜的温度范围。因此，供热系统是必不可少的。

加温的方式可分为 3 种：（1）在各池中设置加热管道，直接加热池内水；（2）向预热池集中加热水，各池中加热管只起保温或辅助加热作用；（3）利用预热池和配水装置将池水调至需要温度。目前，多数育苗场采用第一种加温方式。

根据各地区气候及能源状况的不同，应因地制宜选择增温的热源。一般使用锅炉蒸汽为增温热源，也可利用其他热源，如电热、工厂余热、地热水或太阳能等。利用锅炉蒸汽增温，每 1 000 m³ 水体用蒸发量为 1 t/h 的锅炉，蒸汽经过水池中加热钢管（严禁使用镀锌管）使水温上升。蒸汽锅炉具有加热快、管道省的优点，但缺点是价格高、要求安全性强、压力高、煤耗大等。因此，有些育苗场用热水锅炉增温，具有投资省、技术要求容易达到、管道系统好处理、升温时间易控制、保温性能好并且节约能源等优点。小型育苗设施或电价较低的地方用电热器加热，每立方水体约需容量 0.5 kW。有条件的单位可以利用太阳能作为补充热源。

用锅炉蒸汽作为热源，是将蒸汽通入池中安装的钢管里从而加热水，大约每立方水体配 0.16 m² 的钢管表面积，每小时可升温 1～5 ℃。钢管的材质及安装要求如下。

（1）加热钢管应采用无缝钢管、焊接钢管，严禁使用镀锌钢管。

（2）加热钢管室外部分宜铺设在地沟内，管外壁应设保温层，管直段较长时应按《供暖通风设计手册》设置伸缩器。

（3）加热钢管在入池前及出池后均应设阀门控制汽量。

（4）加热钢管在池内宜环形布置，距离池壁和池底 30 cm。

（5）为保证供汽，必须正确安装回水装置，及时排放冷凝水并防止蒸汽外溢。

（6）为防止海水腐蚀加热钢管，应对管表面进行防腐处理，可在管表面涂上防腐能力强、传热性能好、耐高温、不散发对幼体有毒害物质的防腐涂料。如在管表面涂上 F-3 涂料，防腐效果及耐温性好，对生物无毒害，可在水产、生产上使用。

向各池输送蒸汽的管道宜置于走道盖板下的排水沟内，把蒸汽管、水管埋于池壁之中再通入各池，这样池内空间无架空穿串的管道，观感舒畅。

五、水产养殖的其他辅助设施

规范的育苗场除了上述提及的系统外，一般还需要有如下一些辅助设施。

（一）育苗工具

育苗工具多种多样，有运送亲本的帆布桶、饲养亲本的暂养箱、供亲本产卵孵化的网箱和网箱架、检查幼体的取样器、换水用的滤水网和虹吸管、水泵及各种水管，还有塑料桶、水勺、抄网以及清污用的板刷、竹扫帚等，都是日常管理中不可缺少的用具。育苗工具使用时也不能疏忽大意。用前不清洗消毒，使用中互相串池，用后又乱丢乱放，是育苗池产生污染、导致病害发生和蔓延的原因之一。

育苗工具并非新的都比旧的好，新的未经处理，有时反而有害，尤其是木制的（如网箱架）和橡胶用品（橡皮管），如在使用之前不经过长时间浸泡就会对幼体产生毒害。为清除一切可能引起水质污染和产生毒害的因素，在使用时应注意以下几点。

（1）新制的橡胶管、PVC 制品和木质网箱架等，在未经彻底浸泡前不要轻易地与育苗池水接触。

（2）金属制作的工具，特别是铜、锌和镀铬制品，入海水后会有大量有毒离子渗析出来，易造成幼体快速死亡或畸形，必须禁用。

（3）任何工具在使用前都必须清洗消毒，可设置专用消毒水缸，用 250×10^{-6} 的福尔马林消毒，工具用后要立即冲洗。

（4）有条件者，工具要专池专用，特别是取样器，最容易成为疾病传播媒介，要严禁串池。

（二）化验室

水质分析及生物监测室能随时掌握育苗过程中的水质状态及幼体发育情况，育苗场必须建有水质分析室及生物监测实验室，并配备必要的测试仪器。实验室内设置实验台与工作台，台高为 90 cm、宽为 70 cm，长按房间大小及安放位置而定，一般为 2～3 m。台面下为一排横向抽屉，抽屉下为橱柜，以放置药品及化验器具。实验室内要配有必要的照明设备、电源插座、自来水管及水槽等。

化验室通常配备如下实验仪器及工具：

（1）实验仪器。光学显微镜、解剖镜、海水比重计、pH 计、温度计、天平、量筒、烧杯、载玻片、雪球计数板等。

（2）常用的工具。换水网、集卵网、换水塑料软管、豆浆机、塑料桶、盆、舀子等。

（3）常用的消毒或营养药品。漂白粉、漂粉精、高锰酸钾、甲醛、硫代硫酸钠、EDTA-钠盐、诺氟沙星、美帕曲星、复合维生素、维生素 C、硝酸钠、磷酸二氢铝、柠檬酸铁、硅酸钠以及光合细菌、益生菌等。

（三）苗种打包间

育苗场生产出的大量苗种在运输到各地时，需要计数并打包安装。苗种的打包安装间一般设在育苗车间的出口，从育苗池收集的种在苗种打包间经计数、分装、充氧、打包后可运送出场。苗种打包间需要配备氧气瓶、打包

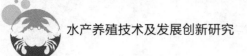

机等设备。

由于处于苗种生产季节，苗种场 24 h 不能离人，因此，配套基本的生活设施是保障育苗生产顺利进行的必备条件。育苗场要保证生活用电、用水和主要的基本生活设施如食堂、办公室、寝室、厕所及其辅助设施等。

（四）室外土池

有条件的育苗场配备一定数量的室外土池是非常必要的。育苗场的室外土池主要有 3 个功能：（1）在苗种销路不畅时，可将苗种从水泥池转移到室外土池中暂养，以提高成活率；（2）可以培养大规格苗种；（3）可以用作动物性生物饵料的培养池，以补充室内动物性饵料生产的不足。

水产种苗场的选址应考虑地理条件、水质状况、交通运输、电力供应、人力资源及治安环境等因素。育苗场选好建厂地址后，应先做整体规划和设计，确定育苗水体及育苗室建筑面积，然后配套其他附属设施。在设计生产规模时，一定要考虑多品种生产的兼容性。育苗场的总体布局，要根据场地的实际地形、地质等客观因素来确定。苗种生产的主要设施应包括供水系统、供电系统、供气系统、供热系统、育苗车间及其他附属设施和器具等。育苗车间是苗种培育场的核心生产区。一般包括苗种培育设施、饵料培育设施、亲本培育设施、催产孵化设施等。繁育不同水产生物苗种的育苗车间有所差异。育苗场在工艺设计上要能满足多功能育苗要求，育苗设施的设计强调统筹兼顾，强调设备的配套，增大设备容量。供水系统是水产苗种培育场最重要的系统之一。完整的供水系统由取水口、蓄水池、沉淀池、砂滤池、高位池（水塔）、水泵、管道及排水设施等组成。大型育苗场需要同时供应 220 V 的民用电和 380 V 的动力用电，并自备发电机组。为了提高培育密度，充分利用水体，亲体培育池、育苗池和动植物饵料池等均须设充气设备。供气系统应包括充气机、送气管道、散气石或散气管。供热系统也是工厂化育苗的关键辅助系统，根据各地区气候及能源状况的不同，应因地制宜选择增温的热源。规范的育苗场应配套有完善的育苗工具、化验室、基本生活设施和室外土池等。

第三章　多样化的水产养殖技术

本章主要讲述的是多样化的水产养殖技术，包括四部分内容，分别是鱼类养殖技术、贝类养殖技术、藻类养殖技术、虾类养殖技术。

第一节　鱼类养殖技术

鱼类是最古老的脊椎动物，它们几乎栖居于地球上所有的水生环境中——从淡水的湖泊、河流到咸水的盐湖和海洋。鱼类终年生活在水中，用鳃呼吸，用鳍辅助身体平衡与运动。据调查，我国淡水鱼有 1 000 余种，著名的"四大家鱼"青鱼、草鱼、鲢鱼、鳙鱼，另外如鲤鱼、鲫鱼、团头鲂、翘嘴红鲌、暗纹东方鲀等 50 余种，都是我国主要的优良淡水养殖鱼类；我国的海洋鱼类已知的有 2 000 余种，其中约有 30 种是经济养殖种类，主要有大黄鱼、褐牙鲆、大菱鲆、半滑舌鳎、鲻鱼、尖牙鲈、花鲈、赤点石斑鱼、斜带石斑鱼、卵形鲳鲹、军曹鱼、红鳍东方鲀、眼斑拟石首鱼、真鲷、花尾胡椒鲷等种类。目前，鱼类养殖业是我国水产养殖最重要的产业。

一、鱼类的生物学介绍

（一）鱼类概念介绍

鱼，分类地位属动物界，脊索动物门，脊椎动物亚门。可分为有颌类和无颌类，有颌类具有上下颌，多数具胸鳍和腹鳍；内骨骼发达，成体脊索退化，具脊椎，很少具骨质外骨骼；内耳具 3 个半规管；鳃由外胚层组织形成。由盾皮鱼纲、软骨鱼纲、棘鱼纲及硬骨鱼纲组成。其中盾皮鱼纲和棘鱼纲只有化石种类。现存种类分属板鳃亚纲和全头亚纲。板鳃亚纲有 600 余种，全头亚纲有 3 科 6 属 30 余种。硬骨鱼纲可分为总鳍亚纲、肺鱼亚纲和辐鳍亚纲 3 个亚纲。无颌类脊椎呈圆柱状，终身存在，无上下颌。起源于内胚层的鳃呈囊状，故又名囊鳃类；脑发达，一般具 10 对脑神经；有成对的视觉器和听觉器；内耳每侧有 1 个或 2 个半规管；有心脏，血液红色；表皮由多层细胞组成；偶鳍发育不全，有的古生骨甲鱼类具胸鳍。无颌类一般分为盲鳗纲、头甲鱼纲、七鳃鳗纲、鳍甲鱼纲等。

1. 鱼类的体型分类

鱼类的体型可分如下几类。

（1）纺锤型。也称基本型（流线型）。是一般鱼类的体形，适于在水中游泳，整个身体呈纺锤形而稍扁。在 3 个体轴中，头尾轴最长，背腹轴次之，左右轴最短，使整个身体呈流线型或稍侧扁。

（2）平扁型。这类鱼的 3 个体轴中，左右轴特别长，背腹轴很短，使体型呈上下扁平，行动迟缓，多营底栖生活。

（3）棍棒型。又称鳗鱼型，这类鱼头尾轴特别长，而左右轴和腹轴几乎相等，都很短，使整个体型呈棍棒状。

（4）侧扁型。这类鱼的 3 个体轴中，左右轴最短，头尾轴和背腹轴的比例差不太多，形成左右两侧对称的扁平形，使整个体型显扁宽。

2. 鱼类的身体构造

鱼类的附肢为鳍，鳍由支鳍担骨和鳍条组成，鳍条分为两种类型：一种是角鳍条，不分节，也不分枝，由表皮发生，见于软骨鱼类；另一种是鳞质鳍条或称骨质鳍条，由鳞片衍生而来，有分节、分枝或不分枝，见于硬骨鱼类，鳍条间以薄的鳍条相连。骨质鳍条分鳍棘和软条两种类型，鳍棘由一种鳍条变形形成的，是既不分枝也不分节的硬棘，为高等鱼类所具有。软条柔软有节，其远端分枝（叫分枝鳍条）或不分枝（叫不分枝鳍条），都由左右两半合并而成。鱼鳍分为奇鳍和偶鳍两类。偶鳍为成对的鳍，包括胸鳍和腹鳍各 1 对，相当于陆生脊椎动物的前后肢；奇鳍为不成对的鳍，包括背鳍、尾鳍和臀鳍（肛鳍）。

软骨鱼的鳞片称盾鳞。硬鳞与骨鳞通常由真皮产生而来。现存鱼类的鱼鳞，根据外形、构造和发生特点，可分为楯鳞、硬鳞、侧线鳞 3 种类型。

鱼类的鳍条和鳞片是鱼类分类的重要依据。

鱼类的皮肤由表皮和真皮组成，表皮甚薄，由数层上皮细胞和生发层组成；表皮下是真皮层，内部除分布有丰富的血管、神经、皮肤感受器和结缔组织外，真皮深层和鳞片中还有色素细胞、光彩细胞以及脂肪细胞。

3. 鱼类的生长特性

鱼类的生长包括体长的增长和体重的增加，各种鱼类有不同的生长特性。

（1）鱼类生长的阶段性

生命在不同时期表现出不同的生长速度，即生长的阶段性。鱼类的发育周期主要包括胚胎期、仔鱼期、稚鱼期、幼鱼期和成鱼期。一般来说，鱼类首次性成熟之前的阶段，生长最快，性成熟后生长速度明显缓慢，并且在若干年内变化不明显。通常性成熟越早的鱼类，个体越小；而性成熟晚的鱼类，个体则大。此外，雌性性成熟的年龄也因种类而异。对于存在性逆转的鱼类，其个体大小显然与性别相关。对于不存在性逆转的鱼类，通常雄鱼比雌鱼先成熟，鲤科鱼类的雄鱼大约比雌鱼早成熟 1 年。因此，雄鱼的生长速度提前下降，造成多数鱼类同年龄的雄鱼个体比雌鱼小一些的结果。

（2）鱼类生长的季节性

生长与环境密切相关。鱼类栖息的水体环境、水温、光照、营养、盐度、水质等均影响鱼类的生长，尤以水温与饵料对鱼类生长速度影响最大。不同季节，水温差异很大，而饵料的丰歉又与季节有密切关系。因此鱼类的生长通常以 1 年为一个周期。从鱼类生长的适温范围看，鱼类可以分为冷水性鱼类（如虹鳟）、温水性鱼类（如青、草、鲢、鳙等）和暖水性鱼类（如军曹

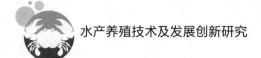

鱼）。此外，不同季节光照时间的长短差异很大。光通过视觉器官刺激中枢神经系统而影响甲状腺等内分泌腺体的分泌。现有的研究发现，光照周期在一定程度上也影响鱼类的生长。

（3）鱼类生长的群体性

鱼类常有集群行为。试验表明，多种鱼混养时其生长与摄食状况均优于单一饲养。将鲻鱼与肉食性鱼类混养，发现混养组的摄食频率增加，生长较快。以不同密度养殖鱼类，发现过低的放养密度并不能获得最大的生长率。鱼类的群居有利于群体中的每一尾鱼的生长，并有相互促进的作用，即所谓鱼类生长具有"群体效益"。当然，过高的密度对生长也不利。

（二）鱼类的食性及消化系统

1. 鱼类的食性分类

不同种类的鱼食性不尽相同，但在育苗阶段的食性基本相似。各种鱼苗从鱼卵中孵出时，都以卵黄囊中的卵黄为营养。仔鱼刚开始摄食时，卵黄囊还没有完全消失，肠管已经形成，此时仔鱼均摄食小型浮游动物，如轮虫、原生动物等；随着鱼体的生长，食性开始分化，至稚鱼阶段，食性有明显分化；至幼鱼阶段，其食性与成鱼食性相似或逐步趋近于成鱼食性。不同种类的鱼类，其取食器官构造有明显差异，食性也不一样。鱼类的食性通常可以划分为如下几种类型。

（1）滤食性鱼类。如鲢鱼、鳙鱼等。滤食性鱼类的口一般较大，鳃耙细长密集，其作用好比浮游生物的筛网，用来滤取水中的浮游生物。

（2）草食性鱼类。如草鱼、团头鲂等，均能摄食大量水草或幼嫩饲草。

（3）杂食性鱼类。如鲤鱼、鲫鱼等。其食谱范围广而杂，有植物性成分也有动物性成分，它们除了摄食水体底栖生物和水生昆虫外，也能摄食水草、丝状藻类、浮游动物及腐屑等。

（4）肉食性鱼类。在天然水域中，有能凶猛捕食其他鱼类为食物的鱼类，如鳜鱼、石斑鱼、乌鳢等。也有性格温和，以无脊椎动物为食的鱼类，如青鱼、黄颡鱼等。一般来说，大多数鱼类通过人工驯化，均喜欢摄食高质量的人工配合饲料，这就为鱼类的人工饲养提供了良好的条件。

2. 鱼类消化系统的组成

鱼类的消化系统由口腔、食道、前肠或胃（亦有无胃者）、中肠、后肠、肛门以及消化腺构成。口腔是摄食器官，内生味蕾、齿、舌等辅助构造，具有食物选择、破损、吞咽等功能。鱼类鳃耙的有无及形态与食性有关。鱼类的食道短而宽，是食物由口腔进入胃肠的管道，也是由横纹肌到平滑肌的转变区。

胃的形态变化很大，很多研究者曾按照其形态进行分类。胃除了暂存食物外，更重要的是其消化功能及其他功能。胃的黏膜上皮有 3 类细胞：泌酸细胞、内分泌细胞和黏液细胞。泌酸细胞分泌胃蛋白酶原和盐酸；内分泌细胞也有 3 种，分别是促胃酸激素、生长激素抑制素和胰多肽的分泌细胞。黏液细胞也可能有 3 种，分别是唾液黏蛋白、硫黏蛋白和中性黏物质的分泌细胞。胃体常分为前后两部，前部称贲门胃，后部称为幽门胃。幽门胃之后便是中肠。有幽门垂的鱼，幽门垂总是出现在中肠之前。在无胃鱼中，食道与中肠连接。胆管总是进入中肠，且大多数紧靠幽门胃。有些无胃鱼（如金鱼）有一个看起来像胃的肠球，胆管常可进入肠球。肠球壁相对较薄，也不分泌蛋白酶和盐酸。有砂囊的鱼类（如遮目鱼），砂囊总是与胃相连，而不与肠球相连。

中肠也有特殊的上皮细胞，吸收细胞和分泌细胞。肠上皮有很深的皱褶，呈锯齿状或网状，或有与高等动物的胃绒毛相似的构造，中肠是食物消化吸收的重要场所。中肠与后肠之间的分界有的很明显，如斑点叉尾鮰有回肠瓣，其后肠肠壁开始增厚。鲑科鱼类的中肠与后肠的差异难以由肉眼辨别，但组织学显示了一个由柱状分泌吸收上皮到扁平黏液分泌上皮的突然变化，这反映了一个由消化吸收到成粪排泄的功能变化过程。然而，消化道短的鱼类其后肠比消化道长的鱼类有更多的黏膜褶皱，这有利于增加食物停留时间和吸收的作用。后肠可能存在蛋白质等大分子的胞饮活动。

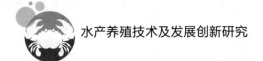

肝脏是动物的一个重要代谢器官。但就消化功能而言，它的最大作用就是分泌胆汁。胆汁是一种复杂的混合物。主要由胆固醇和血红蛋白的代谢产物——胆红素、胆绿素及其一些衍生物组成。它既含脂肪消化的乳化剂，又含有一些废物，如污染物，甚至毒素等。通常当食物进入中肠上部时，胆囊收缩，胆管括约肌松弛，向肠内释放胆汁。

鱼类的消化酶主要有蛋白质分解酶、脂肪分解酶和糖类分解酶。鱼类的蛋白分解酶主要由胃、肝脏及肠道等部位分泌或产生，个别鱼类（如遮目鱼）的食道有很强的蛋白 P 活性。鱼类肠道消化酶的来源十分复杂，包括胰脏、肠壁、食物和肠内微生物等，但肠道中的蛋白质分解酶大都来自胰脏。

胰脏是脂肪酶和酯酶的主要分泌器官，但也有组织学证据表明胃、肠黏膜及肝胰脏也能分泌脂肪酶。肉食性鱼类胃黏膜上的脂肪酶、酯酶活性很高，表明胃黏膜存在胞饮活动。对 7 种海水鱼的脂肪酶、酯酶活性研究表明，脂肪酶的活性皆以幽门垂最高，而酯酶只在蓝石首鱼和褐舌鳎的幽门垂最高。脂肪酶几乎存在于所有被检查的组织中，且其活性与鱼类食物中脂肪含量呈正相关关系。

鱼类的消化道有多种糖类分解酶。草食性和杂食性鱼类比肉食性鱼类具有更高的糖酶活性，而且糖酶对草食性和杂食性鱼类具有更重要的意义。糖酶主要有淀粉酶和麦芽糖酶，还有少量蔗糖酶、β-半乳糖苷酶和β-葡萄糖苷酶等。消化道的部位不同，糖酶活力也不同，例如鲤的淀粉酶、麦芽糖酶活性在肠的后部较高，而蔗糖酶活性以肠的中部为最高。此外，肠内微生物区系在消化过程中可能起着重要作用，尤其是大多数动物本身难以消化纤维素、木聚糖、果胶和几丁质等。胃酸和胆汁虽不是消化酶，但在消化过程中起着非常重要的作用。

3. 影响鱼类消化系统的因素

消化吸收指的是所摄入的饲料经消化系统的机械处理和酶的消化分解后，逐步达到可吸收状态而被消化道上皮吸收。鱼类吸收营养物质的主要方式有扩散、过滤、主动运输和胞饮四种。鱼类对营养物质的吸收能力，除了与鱼的种类和发育阶段有关外，更重要的是与食物的消化程度和消化速度有关。消化速度及消化率是衡量鱼类消化吸收能力的重要指标。而了解影响鱼、虾消化速度的因素，对养殖中投饲策略的制定具有指导意义。消化速度常指胃或整个消化道排空所需要的时间。单指胃时，叫胃排空时间；指整个消化道时，称总消化时间。确切地说，是食物通过消化道的时间。消化率是动物从食物中所消化吸收的部分占总摄入量的百分比。影响消化速度和消化率的因素众多而复杂，主要有鱼类的食性及发育阶段、水温、饲料性状及加工工艺、投饲频度和应激反应等。

二、鱼类育苗

（一）亲鱼的培育

亲鱼是指已达到性成熟并能用于繁殖下一代鱼苗的父本（雄性鱼）和母本（雌性鱼）。培育可供人工催产的优质亲鱼，是鱼类人工繁殖决定性的物质基础。要获得大量的、具有优良性状和健康的鱼苗，就要认真做好亲鱼的挑选和亲鱼的培育工作。

1. 亲鱼挑选

挑选优质亲鱼对保持优良的生物遗传性状十分重要，因此，用于繁殖的亲鱼必须选择优良品种，且按照主要性状和综合性状进行选择，如生长快、抗病强、体型好等性状，往往成为亲鱼挑选的主要因素。在正常的人工育苗生产中，亲鱼的挑选通常是在已达到性腺成熟年龄的鱼中挑选健康、无伤、体表完整、色泽鲜艳、生物学特征明显、活力好的鱼。在一批亲鱼中，雄鱼和雌鱼最好从不同来源的鱼中挑选，防止近亲繁殖，以保证种苗的质量。亲本不能过少，并应定期检测和补充。

2. 饵料供应

与生长育肥期动物的培育有所不同，亲体的培育是为了促进性腺正常发育，以获得数量多、质量好的卵子和精子。影响亲体性腺发育和生殖性能的因素有很多，如饲养环境、管理技术、饲料的数量和质量、选育的品系或品种等。其中，营养和饲料无疑是十分重要的因子。众所周知，在生殖季节里，水产动物性腺（尤其是卵巢）的重置在一定时间内可增加数倍乃至十倍以上。在该发育期内，卵子需要合成和积累足够的各种营养物质，以满足胚胎和早期幼体正常发育所需。当食物的数量和质量不能很好地满足亲体性腺发育所需时，会极大地影响亲体的繁殖性能、胚胎发育和早期幼体的成活率。这些影响具体表现在：饲料的营养平衡与否会影响亲体第一次性成熟的时间、产卵的数量（产卵力）、卵径大小和卵子质量，从而影响胚胎发育乃至后续早期幼体生长发育的整个过程。食物短缺会抑制初级卵母细胞的发育，或抑制次级卵母细胞的成熟，从而导致个体繁殖力下降。抑制次级卵母细胞的成熟主要表现在滤泡的萎缩和卵母细胞的重吸收，这在虹鳟、溪红点鲑等种类中十分普遍。食物不足直接使卵子中卵黄合成量减少，卵径明显变小。从已有的研究来看，限食会降低雌体的繁殖力，使卵径减小。如果食物严重短缺，通常会造成群体中雌体产卵的比例下降。下降的比例与食物受限程度，以及鱼的种类紧密相关。

卵子中含20%～40%的干物质，其中大多数是蛋白质和脂肪，主要以卵黄颗粒的形式存贮于卵子中。对于不含油球的种类而言，卵黄几乎是胚胎和早期幼体发育的唯一营养物质和能量来源，当幼体由内源性营养转向外源性营养阶段后，有时还需要部分依赖卵黄来提供营养，因此，卵黄所提供的营养物质和能量对幼体的发育和成活至关重要。

（1）蛋白质

蛋白质在水产动物的性腺发育和繁殖中扮演着极为重要的角色。由于蛋白质、脂类和糖等能量物质有非常密切的联系，所以往往把蛋白质和能量结合起来考虑。随着性腺发育和成熟，卵巢中蛋白质的含量升高，蛋白质通过参与卵黄物质，如卵黄脂磷蛋白和卵黄蛋白原的合成，在性腺发育和生殖中发挥重要的作用。一般认为，水产动物繁殖期间对蛋白质有一个适宜的需求量，在一定范围内提高饲料蛋白质水平，可以促进亲鱼的卵巢发育，提高产卵力。蛋白原的质量对亲鱼成功繁殖是一个更重要的因素。与处于生长期的动物一样，亲体对蛋白质的需要，其实质是对氨基酸的需要。因此，对氨基酸营养的研究将更加重要。在完全弄清水产动物繁殖所需的氨基酸之前，将亲本培育专用的高质量天然饲料的蛋白质、氨基酸组成作为参照，并通过比较野生群体的卵巢、卵子和幼体中氨基酸的组成和变化模式，来了解胚胎和幼体生物合成所必需的氨基酸，设计亲本专用饲料。

（2）脂类

水产动物对饲料脂类的需要，在很大程度上取决于其中的脂肪酸，尤其是不饱和脂肪酸的种类和数量。性腺成熟过程中对脂肪酸有明显的选择性，这主要取决于所需的脂肪酸到底是用于提供能量，还是参与合成性腺物质。磷脂和甘油三酯中的脂肪酸被分解，为胚胎和早期幼体的发育提供能量。同时 n-3 多不饱和脂肪酸（n-3PUFA）参与细胞膜的形成。与机体其他组织相比，鱼类卵子中的脂肪酸、脂类成分组成相对稳定，不容易受外源食物组成的影响，表明动物性产物中脂类特别成分的重要性。即便如此，近年的研究和实践表明，人为措施可以在一定程度上改变水产动物卵子的脂肪酸组成，从而可有目的地提高性产物的数量和质量。研究证实，饲料中缺乏高度不饱和脂肪酸（n-3HUFA）会显著影响亲鱼的产卵力、受精率、幼体的孵化率和成活率。鱼类的成功繁殖在相当程度上取决于卵子的质量，但同时也与精子的质量紧密相关。人工养殖条件下，水产动物繁殖失败往往与营养不合理所导致的精子质量下降密切相关。

（3）维生素

有关亲鱼维生素营养的研究工作,主要围绕着维生素 E 和维生素 C 来进行。维生素 E 除有抗不育功用外，主要是作为抗氧化剂，避免细胞膜上的不饱和脂肪酸被氧化，从而保持细胞膜的完整性和正常的生理功能，这一点对胚胎的正常发育尤为重要。饲料维生素 E 含量缺乏，会导致一些鱼类性腺发育不良，降低孵化率和鱼苗的成活率。在真鲷饲料中把维生素 E 的含量提高到 2 000 mg/kg，能够提高浮性卵、孵化率和正常幼鱼的比例。隆颈巨额鲷

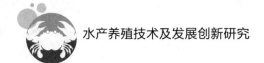

亲鱼饲料中的维生素 E 由 22 mg/kg 提高到 125 mg/kg，就能显著减少畸形卵子的数量。饲料中缺乏维生素 E，对垂体-卵巢系统有显著影响，表明维生素 E 在鱼类繁殖生理过程中有重要的作用。

硬骨鱼类在生殖细胞发生过程中，维生素 C 的抗氧化作用对精子和卵子的受精能力，以及保护生殖细胞的遗传完整性都很重要。饲料缺乏维生素 C 会损害亲鱼的正常生殖性能。

类胡萝卜素是动物自身不能合成，必须从食物中摄取的色素物质。类胡萝卜素的不同形式在体内可以相互转化。类胡萝卜素对水产动物的幼体和亲体都很重要，这与其抗过氧化功能有关。动物在生长期间，把摄取和吸收的虾青素和角黄素先储存、富集在肌肉中。进入性腺成熟时，机体动员肌肉等组织中的类胡萝卜素，通过极高密度脂蛋白（VHDL）或高密度脂蛋白（HDL），以虾青素和角黄素形式被转运到卵巢中，最后进入幼体。对虹鳟来说，随着卵巢的发育成熟，几乎所有的类胡萝卜素都被动员和转运，但其数量仍然不能很好地满足卵巢快速增长和生理代谢的需要，仍必须从外界的食物中得到必要的补充。

（4）矿物质

尽管水产动物能通过鳃和皮肤等直接从水环境中吸收部分无机盐，但通常认为单从环境中摄取的无机盐，无法完全满足动物各种生理机能的需要，仍需从饲料中得到补充。饲料缺乏磷会降低亲鱼的产卵力，产卵量、浮性卵比例、孵化率都会明显下降，而不正常卵和畸形幼体的数量会大大增加，但对卵子的相关生化成分影响不明显。

3. 培育管理

亲鱼的培育管理是鱼类人工繁殖的关键技术。只有培育出性腺发育良好的亲鱼，注射催情剂才能完成产卵和受精过程。如果忽视亲鱼培育，则通常不能取得好的催情效果。在淡水鱼类繁殖中，亲鱼的培育通常在池塘中进行，而海水鱼类繁育中亲鱼的培育则更多是在海区网箱中进行。

（1）亲鱼池塘培育

亲鱼池塘培育的一般要点如下。

① 选择合适的亲鱼培养池。要求靠近水源，水质良好，注排水方便，环境开阔向阳，交通便利。布局上靠近产卵池和孵化池。面积以 $0.2 \sim 0.3 \text{ hm}^2$ 的长方形池子为好，水深 $1.5 \sim 2 \text{ m}$，池塘底部平坦，保水性好，便于捕捞。

② 放养密度。亲鱼培养池的放养密度一般在 $9\,000 \sim 15\,000 \text{ kg/hm}^2$。雌雄放养比例约为 $1:1$，具体可根据不同种类适当调整。

③ 培养管理。亲鱼的池塘培育管理一般分阶段进行。

产后及秋季培育（产后到 11 月中下旬）：此阶段主要是要及时恢复产后亲鱼的体力以及使亲鱼在越冬前储存较多的脂肪。一般在产卵后要给予优良的水质及营养充足的亲鱼饲料，一般投喂量占亲鱼体重的 5%。

冬季培育和越冬管理（11 月中下旬至翌年 2 月）：天气晴好，水温偏高时，鱼还摄食，应适当投饵，以维持亲鱼体质健壮，不掉膘。

春季和产前培育：亲鱼越冬后，体内积累的脂肪大部分转化到性腺，加之水温上升，鱼类摄食逐渐旺盛，同时性腺发育加快。此时期所需的食物，在数量和质量上都超过秋冬季节，是亲鱼培育非常关键的时期。此阶段要定期注排水，保持水质清新，以促进亲鱼性腺的发育。一般前期可 $7 \sim 10$ 天排放水 1 次，随着性腺发育，排放水频率逐渐提高到 $3 \sim 5$ 天 1 次。

（2）亲鱼网箱培育

① 选择合适的海区和网箱。网箱养殖海区的选择，既要考虑其环境条件能最大限度地满足亲鱼生长和成熟的需要，又要符合养殖方式的特殊要求。应事先对拟养海区进行全面详细的调查，选择避风条件好、波浪不大、潮流畅通、地势平坦、无水体物污染，且饵料来源及运输方便的海区。

亲鱼培育的网箱多为浮筏式网箱，根据亲鱼的体长选择合适的网箱规格，亲鱼体长小于 50 cm，可选择 $3 \text{ m} \times 3 \text{ m} \times 3 \text{ m}$ 的网箱，亲鱼体长大于 50 cm，则一般选择 $5 \text{ m} \times 5 \text{ m} \times 5 \text{ m}$ 的规格。网箱的网目，越大越好，以最小的亲鱼鱼头不能伸出网目为宜。

②确定合适的放养密度。亲鱼放养密度以 4～8 kg/m³ 为好，密度小于 4 kg/m³，不能充分利用水体；密度大于 8 kg/m³，亲鱼拥挤，容易发病，不利于亲鱼培育。

③日常管理。每天早晚巡视网箱，观察亲鱼的活动情况，检查网箱有无破损。每天早上投喂 1 次，投喂量约为体重的 3%。投喂时，注意观察亲鱼摄食情况。若水质不好，则减少投喂量；若水质和天气正常，但亲鱼吃食不好，则需取样检测是否有病。若有病则需及时对症治疗。在入冬前 1 个月，亲鱼每天需喂饱，使亲鱼贮存足够的能量安全越冬。20 天左右换网 1 次。台风季节做好防台风工作。

④产前强化培育。产卵前一个半月至两个月为强化培育阶段。在这个阶段，亲鱼的饵料以新鲜、蛋白含量高的小杂鱼为主，每天投喂 1 次，投喂量为亲鱼体重的 4%，同时在饵料中加入营养强化剂如维生素、鱼油等，促进亲鱼性腺发育。一般经过一个半月至两个月的培育，亲鱼可以成熟，能自然产卵。检查亲鱼性腺成熟度的方法是：用手轻轻挤压鱼的腹部，乳白色的精液从生殖孔流出，表示雄鱼成熟。雌鱼可以用采卵器或吸管从生殖孔内取卵，若卵呈游离状态，表示雌鱼成熟。此时可以把亲鱼移到产卵池产卵，或在网箱四周加挂 2～2.5 m 深的 60 目筛绢网原地产卵。

⑤产卵后及时维护管理。亲鱼在产卵池产完卵后，应移入网箱培育。产后亲鱼体质虚弱，常因受伤感染疾病，必须采取防病措施，轻伤可用外用消毒药浸泡后再放入网箱；受伤严重，除浸泡外，还需注射青霉素（10 000 IU/kg），并视情况投喂抗生素药饵。

（二）仔、稚鱼的培育

仔、稚鱼培育一般有两种方式，一种是在室内水泥池培育，一般适用于海水鱼类及部分名贵的淡水鱼类。另一种是室外土池培育，在淡水常规鱼类的繁育中应用普遍，目前在我国海南及广东等地，土池培育方法也开始应用于石斑鱼等海水鱼类的苗种培育。

1. 室内水泥池培育

仔、稚鱼室内水泥池培育的育苗池根据实验和生产的规模，可以采用圆形、椭圆形、不透明、黑色或蓝绿色的容器，也可以是方形或长方形的水泥池。初孵仔鱼的放养密度与种类有关，花鲈的初孵仔鱼的放养密度为 10 000～20 000 尾/m³；赤点石斑鱼初孵仔鱼的放养密度为 20 000～60 000 尾/m³。在仔鱼放养前，先注入半池过滤海水，之后每天添水 10%，至满池再换水。育苗期间的主要管理工作有以下几点。

（1）饵料投喂。室内水泥池鱼苗培育的饵料有小球藻、轮虫、卤虫无节幼体、桡足类及人工配合饲料。小球藻主要作为轮虫的饵料，同时又可以改善培育池的水质，从仔鱼开口的 40 天内，一般都要添加，小球藻的添加密度一般为 30×10⁴～100×10⁴ 细胞/mL。轮虫作为仔鱼的开口饵料，一般在开口前一天的晚上添加。若是酵母培养的轮虫，则在投喂之前需要用富含 w-3 不饱和脂肪酸（EPA）和二十二碳六烯酸（DHA）的营养强化剂进行营养强化。轮虫的投喂密度一般为 5～10 个/mL。轮虫的投喂期一般在 15～30 天，具体视鱼苗的种类及生长情况而定。当仔鱼培育至 10～15 天，视鱼苗口裂的大小，可以同时投喂卤虫无节幼体，卤虫无节幼体投喂前同样需要营养强化，投喂密度为 3～5 个/mL。一般种类在孵化后 20 天左右，可以投喂桡足类，在 25～30 天左右可以投喂人工配合饲料。各种饵料投喂需要有一定的混合，以保证在饵料转换期不出现大的死亡率。

（2）水色及水质管理。在仔鱼培育时可利用单胞藻等改善水质。利用小球藻、盐藻等单胞藻配成"绿水"培育仔鱼，如石斑鱼、真鲷、花尾胡椒鲷、鲻、军曹鱼等，对此已有很多成熟的经验。水质管理要求使水温、盐度、溶解氧等指标处于鱼苗的最适宜范围内。特别要注意水体中氨氮等有毒物质的积累不能超标。一旦超出则需换水。一般初孵仔鱼日换水量可以控制在 20%，之后随鱼苗生长、鱼苗密度、投饵种类和数量、水质情况等逐渐加大换水量，最高日换水量可到 100%～150%。换水一般采用筛绢网箱内虹吸法进行。

（3）充气调节。初孵仔鱼体质较弱，在育苗池中充气时，若气流太大则易造成仔鱼死亡。在一般情况下，由通气石排出的微细气泡可附着于仔鱼身上或被仔鱼误食，造成仔鱼行动困难，浮于水面，生产上称为"气泡病"，是仔鱼时期数量减少的原因之一。充气的目的是提高水体中的溶氧量和适当地促进水的流动。在生产性育苗中，每平方米水面有一个小型气泡石，进行微量充气即可满足要求。

（4）光照调节。在种苗生产中，不同种类的鱼对光照度的要求不同。如在真鲷培育中，育苗槽的水面光照度应调整为 3 000～5 000 lx，夜间采用人工光源照射，可以促使仔鱼增加摄食量和运动量，并避免仔鱼因停止运动而被冲走的危险。

（5）池底清污。在鱼苗投饵一周后，可采用人工虹吸法进行池底清污。一般投喂轮虫时，可 2～3 天清污 1 次，若开始投喂配合饲料，则最好每天清污 1 次。

（6）鱼苗分选。鱼苗经过一个月的培育，大小会出现分化。若是一些肉食性的鱼类，则会出现明显的残杀现象。应及时用鱼筛分选，将不同规格的鱼苗分池培育，以提高成活率。

此外，培苗期间每天还应注意观察仔、稚鱼的摄食和活动情况，做好工具的消毒工作，发现异常及时采取措施加以应对。

2. 室外土池培育

室外土池培育是我国淡水"四大家鱼"传统的育苗生产方式，一般在仔鱼开口后数天或稚鱼期后放入土池，以此降低生产成本。培育的要点是控制敌害，注意在池内浮游生物快速增长时放苗，防止低溶氧等。同室内水泥池育苗相比较，其优点是可在育苗水体中直接培养生物饵料，饵料种类与个体大小呈多样性，营养全面，能满足仔、稚鱼不同发育阶段及不同个体对饵料的需求。仔、稚鱼摄食均衡，生长快速，个体相对整齐，减少了同类相残，且节省人力、物力及供水、饵料培育等附属设施，建池及配套设施投资少，操作简便，便于管理，有利于批量生产。但缺点是难以人为调控理化条件，更无法提早培育仔、稚鱼，只能根据自然水温条件适时进行育苗。主要的技术要点如下。

（1）池塘选择。选塘的标准应从苗种生活环境适宜、人工饲喂、管理及捕捞方便等几方面来考虑。同时亦应根据培育的不同种类加以选择。池塘不宜过大，一般以面积 0.1～0.3 hm²、平均水深 1.5 m 以上为宜。要求进排水方便，堤岸完整坚固，堤壁光洁，无洞穴，不漏水，池底平坦，并向排水处倾斜，近排水处设一集苗池，可配套提水设备。池塘四周应无树荫遮蔽，阳光充足，空气流通，有利于饵料生物及鱼苗的生长。

（2）清塘。清塘的目的是把培育池中仔、稚鱼的敌害生物彻底清除干净，保证仔、稚鱼的健康和安全，这是提高鱼苗成活率的一个关键环节。比较常用的清塘药物有茶粕（500～600 kg/hm²）、生石灰（干塘 750～1 000 kg/hm²；带水 1 500～2 000 kg/hm²）、漂白粉等。

（3）培养基础饵料。待清塘药物药效消失后，重新注入经双层 100 目过滤的清洁无污染渔业用水，待水位覆盖池底 5～10 cm 后，用铁耙人工翻动底泥，让轮虫冬卵上浮。然后继续进水，将水位升至 50 cm 左右。在鱼苗下塘前 2 天，用全池泼洒的方式每亩施发酵猪肥 200 kg，培养轮虫饵料，同时清除青蛙卵群。根据天气及鱼卵孵化进程调整施肥类和数量，以使鱼苗下塘时池塘中轮虫等基础饵料处于高峰期。一般情况下，轮虫高峰期在进水施肥后的 7～10 天出现。

（4）仔鱼放养。将卵孵化环道中或卵孵化桶中的鱼苗转移到鱼苗培育池旁边的暂养水槽内，保持环道和暂养水槽的水温基本一致。按 10×10⁴ 尾鱼苗投喂 1 个鸡蛋黄的用量，投喂经 120 目过滤的蛋黄液，同时向暂养水体中添加 10×10⁶ 个光合细菌，微充气。1 h 后将鱼苗转移到鱼苗培育池内。鱼苗下塘时，应注意风向。如遇刮风天气，则在上风口的浅水处将鱼苗轻缓投放在水中。鱼苗培育的投放密度控制在（1.5～2）×10⁶ 尾/hm²，具体视鱼苗种类、池塘饵料生物、培苗技术等做适当调整。

（5）培养管理。鱼苗下塘后，当天即应泼洒豆浆并根据鱼苗的生长及池塘水质情况进行分阶段强化培育。鱼苗下塘第 1 周：每天均匀泼洒豆浆 3 次，每次使用黄豆 15 kg/hm²。黄豆在磨成豆浆前需浸泡 8～10 h。每 2～3 天添补新水 10 cm，同时使用光合细菌菌液 45 L/hm²。鱼苗下塘第 2 周：每天均匀泼洒豆浆 3 次，每次使用黄豆 20 kg/hm²。每 2～3 天添补新水 15 cm。每次添水后增施发酵有机肥 1 000 kg/hm²，并使用光合细菌菌液 45 L/hm²。鱼苗下塘第 3 周：每天在池塘浅水处投喂糊状或微颗粒状商品饵料 3 次。饵料的投喂量 15～30 kg/次，视鱼苗的生长而逐步增加。同时每天均匀泼洒豆浆两次，每次使用黄豆 15 kg/hm²。每 2～3 天添补新水 15 cm，并使用光合细菌菌液 45 L/hm²。鱼苗下塘第 4 周：每天在池塘浅水处投喂微颗粒饵料 4 次。每亩日投喂量在 100～200 kg/hm²，视水体生物饵料的数量及鱼苗的生长而定。水位逐步加注到 1.5～1.6 m 后，视水质情况进行换水。每 2～3 天使用光合细菌菌液 45 L/hm²。整个鱼苗管理期间，注意巡塘和水质监控，防止鱼苗缺氧致死，同时及时捞出青蛙卵群和蝌蚪。

（6）拉网锻炼。在鱼苗下塘后第 4 周，选择在晴天上午进行拉网，将鱼苗集中于网内，在不离水的情况下半分钟后撤网。隔天再次拉网，并将鱼苗集中到网箱中 1 h。其间网箱中布置气石充气以防止鱼苗缺氧，然后可将鱼苗出售或转移到鱼种培育池养殖。

（三）鱼苗的运输

1. 运输方式

根据所运鱼苗的数量、发运地至目的地的交通条件确定运输方式。鱼苗的运输方式有空运、陆运和海运 3 种。

（1）空运。适合远距离运输，具有速度快、时间短、成活率高的优点。但包装要求严格，运输密度小，包装及运输费用高。一般采用双层聚乙烯充气袋结合航空专用泡沫包装箱和纸箱进行包装。往聚乙烯袋中装入 1/3 体积的海水及一定数量的鱼苗，赶掉袋中空气，充入纯氧气，用橡皮筋扎紧后平放入泡沫箱中，然后将泡沫箱用纸箱包裹，用胶带密封。空运时间不宜超过 12 h，且鱼苗在运输前 1 天应停止投喂。运输海水最好用沙滤海水，气温和水温高时，泡沫箱中可以适当加冰降温。

（2）陆运。运输密度大，成本低，但远距离运输时间太长，会影响成活率。陆运一般使用厢式货车进行，车上配备空袋、纸箱（或泡沫箱）、氧气和水等，以便途中应急，运输途中，不能日晒、雨淋、风吹，最好用空调保温车辆运输，运输方法有密封包装运输和敞开式运输两种。密封包装运输的包装方法和运输密度同空运，只是不需要航空专用包装，外层纸箱可省掉，以降低运输成本。敞开式运输使用鱼篓、大塑料桶、帆布桶等进行运输。

（3）海运。运输量大，成本低，沿海可长距离运输，但运输时间长，受天气、风浪影响大。将鱼苗装到船的活水舱内，开启水循环和充氧设备，使海水进入活水鱼舱内进行循环，整个运输途中，鱼苗始终生活在新鲜海水中。这种运输方式要求鱼苗规格较大，但对鱼苗的影响小，途中管理方便，可操作性强，成活率高。通过大江大河入海口和被污染水域时应关闭活水舱孔，利用水泵抽水进行内循环，以免水质变化太大，造成鱼苗死亡。长距离运输途中要适当投喂。

2. 保持成活率的主要措施

在鱼苗运输中要保持成活率，以取得较好的经济效益。因此，在整个运输过程中，必须改善运输环境，溶解氧、温度、二氧化碳、氨氮、酸碱度、鱼苗渗透压、鱼苗体质、水体细菌含量是影响鱼苗运输成活率的关键因素。运输中通常可采用的措施有以下几点。

（1）充氧。目前大多采用充氧机增加水中溶解氧的含量。

（2）降温。通过降低温度来减缓其机体的新陈代谢，以提高运输成活率。

（3）添加剂。为控制和改善运输环境，提高运输成活率，可在水中适当加入一些光合细菌或硝化细菌，以保持良好的水质。也可以适量添加维生素 C 等抗应激药物。

（4）运输密度。运输时，常用的鱼水之比为 $1:3\sim1:1$，具体比例视品种、体质、运输距离、温度等因素而定。一般距离近、水温低、运输条件较好或体质好、耐低氧品种的运输密度更大。

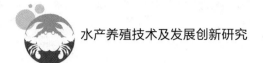

（5）运输途中管理。运输途中要经常检查鱼苗的活动情况，如发现浮头，应及时换水。换水操作要细致，先将水舀出 1/3 或 1/2，再轻轻加入新水，换水切忌过猛，以免鱼体受冲击造成伤亡。若换水困难，可采用击水、送气或淋水等方法补充水中溶氧。另外要及时清除沉积于容器底部的死鱼和粪便，以降低有机物耗氧率。

三、鱼类养殖

（一）鱼类的养殖模式

1. 池塘式养鱼

我国池塘养鱼主要是利用经过整理或人工开挖面积较小（一般面积小的 0.5～1 hm²，大的 1～3 hm² 的静水水体进行养鱼生产。由于管理方便，环境容易控制，生产过程能全面掌握，故可进行高密度精养，获得高产、优质、低耗和高效的结果。池塘养鱼体现着我国养鱼的特色和技术水平。我国的池塘养鱼素以历史悠久、技术精湛而闻名于世。

2. 网箱式养鱼

网箱养鱼是在天然水域条件下，利用合成纤维网片或金属网片等材料装配成一定形状的箱体，设置在水体中，把鱼类高密度地养殖在箱中，借助箱体内外水体的不断交换，维持箱内适合鱼类生长的环境，利用天然饵料或人工投饵培养鱼种和商品鱼的一种方式。网箱养鱼原是柬埔寨等东南亚国家传统的养殖方法，后来在全世界得以推广。网箱养殖具有不占土地，可进行高密度养殖，能充分利用水体天然饵料，捕捞方便等特点。目前，我国南方的海水鱼类养殖主要在网箱中进行，尤其以广东、福建及海南的规模最大。

3. 稻田式养鱼

以稻为主，稻鱼兼作，充分挖掘稻田的生产潜力，以鱼促稻，稻鱼双丰收。稻田养鱼是我国淡水鱼类养殖的重要组成部分，具有悠久的历史。20世纪 80 年代以来，稻田养殖发展很快。根据生物学、生态学、池塘养鱼学和生物防治的原理,建立了鱼稻共生理论,使水稻种植和养鱼有机结合起来,进一步推动稻田养鱼的发展。因各地的自然条件不同,形成了多种类型的稻田养鱼类型,通常有稻鱼兼作、稻鱼轮作及冬闲田养鱼及全年养鱼4种类型。

4. 工厂化养鱼

工厂化养鱼是在高密度的养殖条件下,根据鱼类生长对环境条件的需要,建立人工高度可控的环境,营造鱼类最佳生长条件;根据鱼类生长对营养的需求,定量供应优质的配合饲料,促使鱼类在健康的条件下快速生长的养殖模式。工厂化养殖是世界水产养殖的前沿,具有养鱼设施和技术日趋高新化、养殖规模日趋大型化、养殖环节日趋产业化的特点。目前,工厂化养鱼主要有4种养殖类型:自流水式养殖、开放型循环流水养殖、封闭式循环流水养殖和温流水式养殖。

(二)鱼类的饲养管理

1. 池塘鱼类饲养管理

我国开展池塘鱼类饲养管理已有悠久的历史,在长期的养殖实践中,水产科技工作者将池塘养鱼生态系统进行简化和提炼,形成了"水、种、饵、密、轮、混、防、管"的"八字精养法"。水指水环境;种指养殖鱼类的种质;饵指鱼类摄食的饵料和饲料;密指合理的养殖密度;轮指养殖过程中轮捕轮放;混指合理混养;防指防病防灾;管指科学管理。这8个要素从不同方面反映了养鱼生产各环节的特殊性。其中水、种、饵是养鱼的3个基本要素,是池塘养鱼的物质基础,一切养鱼技术措施,都是根据水、种、饵的具体条件来确定的。三者密切联系,构成"八字精养法"的第一层。混养及合理养殖密度则能充分利用池塘水体和饵料,发挥各种鱼类群体生产潜力。轮养则是在混养和合理密养的基础上,进一步延长和扩大池塘的利用时间和空间。"密、轮、混"是池塘养鱼高产、高效的技术措施,构成"八字精养法"的第二层。防和管则是从养殖者的角度出发,发挥人的主观能动性,通过防和管,综合运用"水、种、饵"的物质基础和"密、轮、混"的技术措施,

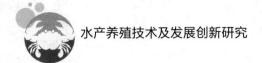

达到高产高效。防、管是构成"八字精养法"的第三层。

2. 网箱鱼类饲养管理

（1）湖区或海区的选择

选择避风条件好、风浪不大的内湾或岛礁环抱挡风，以免受风暴潮或台风袭击；要求湖底或海底地势平坦、坡度小，底质为沙泥或泥沙；水深一般为 6～15 m，最低潮位时水深不低于 2 m。水质无污染，附近无大型工程，交通便捷，有电力供应。

（2）网箱类型和规格的选择

我国海水网箱养鱼目前有浮动式网箱、固定式网箱和沉降式网箱 3 种，以浮动式网箱最为普遍。浮动式网箱箱体部分利用浮子及网箱框浮出水面。网箱可随意移动，操作简便，水质状况较固定式好。固定式网箱用竹桩或水泥桩固定，网箱容积随水位涨落而变，只适用于在潮差不大或围堵的湾内。沉降式网箱在风浪较大或需要越冬时采用，它可以减少附着生物对网目的堵塞，水温较为稳定，但不易管理，投饵需设通道，不便观察。常见网箱规格有 3 m×3 m×3 m、4 m×4 m×4 m、7 m×7 m×5 m、12 m×12 m×5 m 等。随着网箱养殖的发展，海区网箱养殖甚至出现了直径 60～100 m 的大型圆形网箱。

（3）网箱布局

合理利用海区或湖区，使之可持续发展是网箱养殖的宗旨。要求养殖面积不能超过水域面积的 1/15～1/10，且布局上尽可能合理搭配鱼、贝、藻的养殖，提高环境与生物之间的协调性。鱼排的布置通常以 9 个网箱为 1 个鱼排，两个鱼排为 1 组。

（4）养殖管理

鱼类网箱养殖管理的主要措施如下。

一是确定合理的放养密度、放养规格和放养模式。网箱养鱼放养模式一般可分为单养和混养两种。合理的混养模式可充分利用水域中的天然饵料及主养鱼类的残饵，提高饵料利用率；或可带动抢食不旺盛鱼类的摄食活动；

或可摄食网箱附着生物，防止网箱网眼堵塞。放养规格则根据鱼苗种类和来源、养殖条件、网箱网眼及养殖技术等多种因素综合考虑，没有统一要求。网箱放养密度则由鱼的种类及规格、水流条件、饵料及养殖管理水平而定，一般为 10 kg/m^3 左右。

二是投饵。海水网箱养殖的饵料投喂最好在白天平潮时进行，若赶不上平潮，则应在潮流上方投喂，以减少饵料流失。鱼体较小时，每天可投喂 3～4 次，长大后每天可早、晚投喂两次，冬天低温期视情况可在中午投喂 1 次，夏天高温期则可在清晨投喂 1 次。投饵时要掌握慢、快、慢的节奏，以提高饵料的摄食率。

三是巡箱检查。鱼种放养后，在整个养殖期间需经常巡箱检查，以便及早发现问题，尽快处理，不致造成损失。检查的内容包括鱼类活动情况、摄食情况、生长情况、网箱安全性及病害等方面。正常情况下网箱养殖鱼是悠然自得或沉于网箱下部的，如发现缓慢无力游于箱边、受惊吓后无反应或狂游、跳跃等都是不良征兆。而饵料的摄食速度和残饵剩余情况往往能反映出养殖鱼类的生理状态。根据生长期，每月或每半个月取样测定鱼类生长情况，以调整投饵种类和数量。

四是鱼情记录。每天记录水文状况、饵料投喂情况、鱼体活动情况等，以便总结及发现问题。

五是换箱去污。海区及湖区的网箱养殖，常因附着生物或鱼类生长，导致网箱网目不畅或偏小、水体交换不好、鱼类密度过大，从而影响鱼类的生长。因此，需定期分箱或更换网衣。

六是灾害预防。网箱养殖的灾害主要由极端天气引发或诱导产生。主要的危害有风暴潮、洪水及暴雨、水温巨变、赤潮（水华）及水质突发性污染等，应根据相应的原因采取针对性的预防及保护措施。

3. 工厂化鱼类饲养管理

陆基工厂化鱼类养殖饲养管理的技术环节主要有：滤池生物膜的培养与维护及生物膜负荷测定；选择合适的饲养鱼类；养殖池容纳密度的调整；水

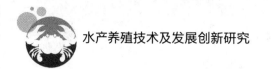

流流量及水质的检测与调控；饵料投喂等管理环节。其中，滤池生物膜的培养与维护及生物膜负荷测定是工厂化鱼类养殖的特有技术环节，生物膜培养及维护在一定程度上左右着养殖池容纳密度及养殖效益。其他技术环节可遵循鱼类基本生物学，结合池塘和网箱养殖方式的饲养管理进行。

第二节　贝类养殖技术

一、贝类的生物学介绍

（一）贝类的形态特征

贝类是最为人们熟知的水生无脊椎动物，常见的有牡蛎、蛤、蚶、扇贝、缢蛏、鲍、螺、鱿鱼、章鱼、乌贼等。它们中的大多数在长期进化过程中形成的坚硬的外壳使其能适应在各种底质环境中，并且有效保护自身不被其他生物捕食，其主要特征为：（1）身体柔软，两侧对称（或幼体对称，成体不对称），不分节或假分节；（2）通常由头部（双壳类除外）、足部、躯干部（内脏）、外套膜和贝壳 5 部分组成；（3）体腔退化，只有围绕心腔和围绕生殖腺的腔；（4）消化系统复杂，口腔中具有颚片和齿舌（双壳类除外）；（5）神经系统包括神经节、神经索和围绕食道的神经环；（6）多数具有担轮幼虫和面盘幼虫两个不同形态的发育阶段。

（二）贝类的主要类别

贝类是仅次于节肢动物门的第二大动物门类，也称软体动物门（Mollusea），现存的贝类种类达 11.5×10^4 种，另有 35 000 余种化石。分类学家将贝类分为如下 7 个纲。

1. 无板纲

贝类中最原始类群，主要分布在低潮线以下至深海海底，多数在软泥中穴居，少数在珊瑚礁中爬行。仅 250 余种，全部海生。也有将无板纲分为尾腔纲或毛皮贝纲和沟腹纲或新月贝纲，因此软体动物现也分为 8 个纲。

2. 单板纲

大多数为化石种类，现存的少数种类分布在 2 000 m 以上的深海海区，被视为"活化石"。

3. 多板纲

又被称为石鳖，个体 2～12 cm，个别 20～30 cm，体卵圆形，背面有 8 块壳板，足发达，适合在岩石上附着。共有 600 余种，全部海生。

4. 双壳纲

大多数为海洋底栖动物，少数生活在咸水或淡水中，没有陆生种类，一般不善于运动。体长最小仅 2 mm，最大超过 1 m。现存种类约 25 000 种。水产养殖主要种类出自本纲。

5. 掘足纲

穴居泥沙中的小型贝类，现存约 350 种，全部海生。

6. 腹足纲

腹足纲是软体动物门中最大的纲，现存 75 000 种，另有 15 000 种化石。分布很广，海、淡水中均有分布，少数肺螺类可以生活在陆地。

7. 头足纲

头足类是进化程度最高的软体动物，多数以游泳为生，也称游泳生物，具捕食习性，现存种类约 650 种，全部海生。另有 9 000 余种化石。

二、贝类育苗

（一）工厂化育苗

贝类工厂化育苗起始于 20 世纪 70 年代，至今已有 40 多年的历史，各项技术已日臻成熟。整个育苗过程大致可分为：亲贝促熟培育、诱导采卵、受精孵化、幼虫选育、采集以及稚贝培养等。目前许多重要的经济养殖贝类

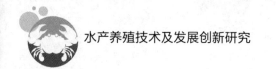

都已成功实现了工厂化育苗,如扇贝、牡蛎、文蛤、菲律宾蛤、魁蚶、缢蛏、珍珠贝、鲍等种类。

1. 亲贝促熟

亲贝促熟是人工育苗必不可少的一个环节。虽然在自然海区也能采到成熟的亲贝,但其产卵并不同步,尤其一些热带海域的贝类,几乎全年都有成熟亲贝在产卵。要在育苗场采集足够量的成熟亲贝,使之在同一时间产卵显然是非常困难的事。因此,工厂化育苗的第一步就是选择合适的成体贝类作为亲贝,通过人工强化培育,使其在短时间内同步产卵,以实现工厂化育苗的目的。

(1)培育设施。亲贝促熟培育一般都在室内进行,培育池可利用普通育苗池,$20\sim50\ \mathrm{m}^3$ 的长方形水泥池,$10\sim20\ \mathrm{m}^3$ 的纤维玻璃钢水槽等。

(2)培育密度。亲贝培育密度需根据不同种类、个体大小、培育水温等因素而定。总的原则是既能有效利用培育水体,又能保持良好水质,亲贝才能顺利成熟。一般培育密度以生物量计,控制在 $1.5\sim3.0\ \mathrm{kg/m}^3$ 为宜。个体大,生物量可以适当大些,多层笼、吊养殖密度可适当增高,单层散养密度要低些。

(3)培育水温。温度是亲贝促熟的主要控制因子。一些温水性和冷水性种类,如海湾扇贝、虾夷扇贝、皱纹盘鲍等种类,亲贝采捕时,水温都较低,性腺尚未发育,促熟多采用升温培育方式。升温幅度要小,一般逐步升高到繁殖温度后,恒温培育。升温过程中可适当停止升温 $1\sim2$ 次,每次 $1\sim3$ 天。而对于一些热带暖水性贝类则可以先设置一个低温培育期,比自然水温低 $5\sim10\ ℃$,在此条件下培育 $4\sim6$ 周后,逐步提高水温至繁殖温度,促使亲贝同步成熟。

(4)换水。根据培育密度,一般每天换水 $1\sim2$ 次,每次 1/3 左右。换水前后温度变化应不超过 $0.5\ ℃$,尤其是接近成熟期时,温差不能大,否则容易因温度刺激而导致意外排放精卵。另外,排水和进水也同样需要缓流,减少水流对亲贝的刺激。

（5）充气。充气可增强池内水的交流，饵料的均匀分布，可以增加溶解氧含量，防止局部缺氧。但充气要控制气量和气泡，避免大气量和大气泡形成水流冲击促使亲贝提前产卵。

（6）投饵。饵料种类的选择和投喂是亲贝促熟的又一关键因子，不仅影响亲贝的性腺发育，而且也影响幼体发育。各种贝类饵料需求和摄食习性不同，因此投喂的种类也各不相同。投喂原则是符合亲贝摄食习性，满足性腺发育的营养需求。

对于滤食性贝类，如牡蛎、扇贝、蛤、蚶等，常用的饵料主要是单细胞藻类，如扁藻、巴夫藻、球等鞭金藻、牟氏角毛藻、骨条藻，魏氏海链藻等科类。日投喂 4～6 次，投喂量根据亲贝摄食状态及水中剩余饵料情况来确定。几种藻类混合投喂比投喂单一种类饵料效果好。

对于鲍、蝛螺等，常用的饵料是大型褐藻，如海带、裙带菜、江蓠等。一般每天投喂 1 次，投喂量约为亲贝生物量的 20%～30%，并根据摄食情况适当增减。

亲贝促熟期间投喂量控制在亲贝软体部的 2%～4%为宜，投喂量超过 6%会加快亲贝的生长，反而对亲贝促熟不利。

饵料营养结构也需予以重视。促熟培育前期，需要投喂含有较高多不饱和脂肪酸（EPA、DHA）的种类，如牟氏角毛藻、海链藻、巴夫藻、球等鞭金藻等。培育后期，亲贝会从藻类中吸取中性脂类——三酰基甘油储存于卵母细胞中，作为胚胎和幼体发育的能量来源。因此合理选择搭配饵料种类是亲贝促熟培育中的关键一环。

2. 幼虫培育

（1）培育池。一般双壳类幼虫培育多在大型水泥池（±50 m³）中进行，也可以在小型水槽中进行。培育时，可采取微量充气，有助于幼体和饵料均匀分布，方便幼体滤食。

（2）幼虫选育。在孵化池上浮的幼虫需要通过选育，选取健壮优质个体，淘汰体弱有病个体，同时可以去除畸形胚胎、未正常孵化的卵以及其他杂质，

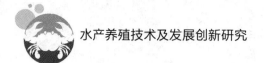

避免污染。选育幼体一般采用筛绢网拖选或虹吸上层幼体。优选出来的幼虫放入培育池进行培育。

（3）培育密度。浮游幼虫培育密度因种类不同而异，一般多为 5～10 个/m³，少数可以 15～20 个/m³，如扇贝等。在培育期间，可以视生长情况加以调整。

（4）饵料及投喂。早期幼虫的开口饵料以个体较小，营养丰富的球等鞭金藻和牟氏角毛藻为好，以后可以逐步增加塔胞藻和扁藻。将几种微藻混合投喂的饵料效果比单一投喂好。在生产上，通常在幼虫进入面盘幼虫开始摄食前 24 h 提前接种适量微藻，有助于基础饵料的形成和水质的改善。一般 2～3 种藻类搭配营养合理，同时还可以适当大小搭配。不同微藻大小差别较大，在投喂量的计算过程中需予以适当考虑，如一个扁藻相当于 10 个金藻等。

（5）换水。换水量主要依据幼虫的培育密度和水温而定，通常每天换水 1～2 次，每次换水 1/2～2/3，每 2～4 天彻底倒池 1 次。条件合适也可以采用流水式培育。

（6）充气。培育过程需持续充气，控制水面刚起涟漪、气泡细小为宜。

（7）光照。贝类幼虫有较强的趋光性，光照不均匀容易引起局部大量聚集，影响摄食和生长，因此幼虫培育期间，一般采用暗光，光强不超过 100 lx。可以利用幼虫的趋光性对幼虫进行分池、倒池等操作。

3. 影响幼虫生存的因素

（1）温度。温度是影响幼体生长发育的最重要因子。许多贝类幼虫具有较强的温度耐受能力，即使超出了原产地自然环境条件，有时也能很好地生长。一般幼虫培育采取的水温略高于其亲体自然栖息环境温度，更利于幼虫生长。

（2）盐度。幼虫对盐度有一定的耐受限度，一般宜采用与亲体自然环境相近的盐度培育幼虫。

（3）饵料。饵料同样是幼虫发育的关键因素，不但影响幼虫发育，还关系到后期稚贝的健康。

（4）水质。由于海区水质环境处于动态变化过程中，很难保证水源始终符合育苗要求，因此，自然海水在使用前，需要进行过滤和消毒的处理，以确保用水质量。经处理后的水通常需加聚甲醛（HDTA）–钠盐 1 mg/L，硅酸钠 20 mg/L，经曝气后使用。

（5）卵和幼虫的质量。卵的质量取决于亲贝的质量，而幼虫的质量取决于卵的质量和幼体培育期间的培育条件，尤其是饵料质量。

4. 幼虫采集

贝类在发育至后期壳顶幼虫（眼点幼虫）时，会出现眼点，伸出足丝，预计即将转入底栖生活，此时就需要准备附着基，为幼虫顺利附着做准备。

（1）附着基种类。附着基的选择标准是既要适合幼虫附着，又要容易加工处理。通常附着基的种类有棕绳帘、聚乙烯网片（扇贝、魁蚶等）；聚氯乙烯波纹板、沙粒（蛤类）；聚氯乙烯板、扇贝壳、牡蛎壳等（牡蛎）。

（2）附着基处理。附着基在使用前必须进行清洁处理，去除表面的污物及其他有害物质，否则，幼虫或不附着，或附着后死亡。聚氯乙烯板一般先用 0.5%～1% 的氢氧化钠（NaOH）溶液浸泡 1～2 h，除去表面油污，再用洗涤剂和清水浸泡冲洗干净。棕帘因含有鞣酸、果胶等有害物质，需先经过 0.5%～1% 的氢氧化钠（NaOH）溶液浸泡及煮沸脱胶，再用清水浸泡洗刷。使用前还要经过捶打等处理，使之柔软多毛，以利于幼虫附着。鲍的附着基通常也是聚氯乙烯波纹板，附着前需要在板上预先培养底栖硅藻，无硅藻的附着基幼虫一般不会附着。

（3）附着基投放时间。各种贝类开始附着时的后期壳顶幼虫大小不一，如牡蛎幼虫为 300～400 mm，扇贝、蛤类幼虫为 220～240 mm。大多数双壳类幼虫即将附着变态时，都会出现眼点，因此可以根据眼点的出现作为幼虫附着的标志。但幼虫发育有时不完全同步，因此一般控制在 20%～30% 幼虫出现眼点时即投放附着基。

（4）采苗密度。不同种类对附着密度要求不一，原则是有利于贝类附着后生长。密度太大，成活率低，太小则浪费附着基，增加育苗工作量和成本。多数双壳类附着密度按池内幼虫密度计算，如扇贝采苗密度可在 2～10 个/mL。

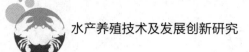

牡蛎、鲍的采集密度按附着后幼虫密度计算，如牡蛎每片贝壳8～10个，鲍每片波纹板200～300个。

（5）附着后管理。主要是投饵和换水。幼虫附着前期大多有个探索过程，时而匍匐，时而浮游，加之幼虫发育不同步，因此投放附着基后最初几天，水中仍会有不少浮游幼虫，此时换水仍必须用滤鼓或滤网，以免造成幼虫流失。后期待幼虫基本完成附着后，需加大换水量，每天换水两次以上，每次1/3～2/3。同时因个体增大，摄食量随之增加，饵料投喂量也要增大，以保证幼虫的营养需求，加速变态、生长。

5. 稚贝培育

幼虫附着后，环境条件合适，很快就会变态为稚贝。在变态为稚贝的过程中，幼虫个体基本不增长，而变态为稚贝后，生长迅速。一般双壳类稚贝的室内培育池仍然是水泥育苗池，采取静水培育，日换水2～3次，每次1/2左右。培育用水可以用粗砂过滤的自然海水，充分利用自然海区的天然饵料。投饵量应根据稚贝摄食及水中剩饵情况来进行调整。

幼虫从附着变态为稚贝后，经过7～14天的培育，可长成1～3 mm的稚贝，此时可以开始逐步转移至室外海区进行中间培育了。

（二）稚贝中间培育

室内工厂化育苗一般只能把幼虫培育至1～3 mm，而如此小的稚贝尚不能直接用于海上养成，需要经过一个中间培育阶段，称为稚贝的中间培育。中间培育是处于育苗和养成的一个中间环节，其目的是以较低的培育成本使个体较小的贝苗迅速长成适合海上养殖或底播的较大贝类幼苗。

根据贝类种类不同，中间培育的方法主要有海上中间培育和池塘中间培育。前者以扇贝、魁蚶等附着性贝类为主，后者以蛤类、蚶类等埋栖性贝类为主。缢蛏苗种中间培育，多在潮间带滩涂经整理后的埕条或者土池中进行。

1. 海上中间培育

海上中间培育是利用浮筏，将附着基连同稚贝一起放入网袋或网箱用绳子串起，悬挂于浮筏进行养殖的一种培育形式。一般每绳串 10～20 个网袋或 2～3 个网箱。中间培育一般都选在风浪小、潮流畅通、水质优良而饵料生物又相对丰富的海区进行，也可以利用条件较好的鱼虾养殖池进行中间培育。浮筏的结构、设置与常规海上养殖的浮筏基本类似，可参见有关章节。培育器材主要是网袋、网箱或网笼，属于贝类中间培育所专有的。

（1）培育器材

一是网袋：网袋一般为长方形，用聚乙烯纱网缝制而成，大小 30 cm×50 cm，或 50 cm×70 cm。根据稚贝规格大小，网袋可分为一级网袋、二级网袋和三级网袋。一级网袋多用于培育刚出池的壳高 1 mm 左右的稚贝，网袋的网目大小多为 300～400 mm（40～60 目）；二级网袋多培育 2～3 mm 规格稍大的稚贝，网目大小为 0.8～1 mm（20 目）；三级网袋则用于培育规格较大的稚贝，其网目大小为 3～5 mm。

二是网箱：网箱形状多为长方形，大小为：40 cm×40 cm×70 cm。可用直径为 6～8 mm 的钢筋做框架，外套网目大小为 300～400 mm 或 0.8～1.0 mm 的聚乙烯网纱。网箱可用于稚贝的一级和二级培育。由于网箱的空间较大，育成效果较网袋好，但同等设施，所挂养的箱体数量和培育的稚贝数量比网袋小。

三是三级育成网笼：形式与多层扇贝养殖笼相似。笼高约 1 m，直径约30 cm，分 8～15 层，层间距 10～15 cm，外套网目 5 mm 左右的聚乙烯网衣。网笼一般培育 8～10 mm 较大规格的稚贝，可将稚贝培育至 1～3 cm，再将其分笼进行成贝养殖。

（2）养殖方法

① 网袋、箱、笼吊挂：一般一条吊绳吊挂 10 袋，两对为 1 组，系于同一个绳结，分挂在吊绳两边，每条吊绳结 5 组，组间距 20～30 cm。一般网袋宜系扎在吊绳的下半部。吊绳的长短依培育海区水深而定，一般为 2～5 m。吊绳末端加挂一块 0.5～1.0 kg 的坠石，上端系于浮筏上。吊绳间距 1 m 左右。

网箱可 3 个 1 组上下串联成一吊，下加一块 0.5～1.0 kg 的坠石，上端

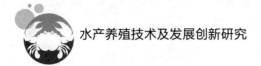

系于浮筏上，吊箱间距 1.5～2 m。

网笼直接系于浮筏上，笼间距 1 m 左右。为增加笼的稳定性，也可以在末端加一块 0.5～1 kg 的坠石。

②培育密度：稚贝的中间培育密度根据种类、个体大小、海区水流环境以及饵料丰度而定。一般双壳类稚贝一级网袋可装 1 mm 以下的稚贝 20 000 个左右；二级网袋可装 2 mm 左右的稚贝 2 000 个。用网箱培育，一级培育的稚贝可装 50 000～100 000 个；二级培育的稚贝可装 5 000 个左右。用网笼培育，一般每层放稚贝 100～300 个。

③培育管理：稚贝下海后对新环境有一个适应过程，因此前 10 天最好不要移动网袋，以防稚贝脱落。以后根据情况每 5～15 天洗刷网袋 1 次，大风浪过后，要及时清洗网袋的污泥，以免堵塞网孔妨碍水交换，影响稚贝生长。

稚贝生长过程中，及时分苗。一般 1 个月后一级培育的稚贝可以分苗进入二级培育。

2. 池塘中间培育

池塘中间培育主要用于蛤类，如文蛤、菲律宾蛤、泥蚶、毛蚶等埋栖性种类的稚贝培育，可在池塘中将 1 mm 的稚贝培育至 10 mm 以上。

（1）场地选择：选择水流缓和、环境稳定、饵料丰富、敌害生物较少、底质适宜（泥沙为主）的中潮带区域滩涂构筑培育池塘。也可以利用建于中高潮带的、较大型的鱼虾养殖池作为稚贝培育场所。

（2）培育池塘的构筑：面积一般为 100～1 000 m²，围堤高 40～50 cm，塘内可蓄水 30～40 cm。每 10～20 个池连成一个片区，池间建一条 0.5 m 宽的排水沟。片区周围建筑高 0.5～0.8 m、宽 1 m 左右的堤坝，保护培育池塘。池塘构筑还需因地制宜，灵活选择，原则是使稚贝在一个环境条件稳定的良好场所，不受外界因素干扰快速生长。

（3）播苗前池塘处理：在播撒稚贝苗之前，池塘应预先消毒，用鱼藤精（30～40 kg/hm²）或茶籽饼（300～400 kg/hm²）泼洒，杀灭一些敌害生物如鱼、虾、蟹类等。放苗前 1～2 天，将池底耙松，再用压板压平，以利于稚贝附着底栖生活。视水质饵料情况，可以适当施肥，繁殖基础饵料。

（4）播苗：由于稚贝个体很小，不容易播撒均匀，可以在苗种中掺入细沙，少量多次，尽可能播撒均匀。播苗密度随个体增长，逐渐疏减，一般初始密度为 60～90 kg/hm^2。

（5）日常管理：培育期间，池塘内水位始终保持在 30～40 cm，每隔两周左右，利用大潮排干池塘水，视情况疏苗。若遇大雨，要密切关注盐度变化，若降低太多，则需换新水。

（三）土池育苗

土池育苗是在温带或亚热带沿海地区推广采用的一种育苗方式。该方式不需要建育苗室等各种设施，而是利用空闲的养殖用土池，施肥繁殖贝类饵料，方法简单，易于普通养殖者掌握，培育成本低廉，所培育苗种健壮，深受人们欢迎，具有良好的应用前景。一般土池育苗主要适宜培育蛤类、蚶类和蛏类等埋栖型贝类。

但土池育苗也有一些弊端，如土池面积大，培育条件可控性较差，敌害生物较难防。另外，池塘水温无法人工调控，因此，只能在常年或季节性水温较高且稳定的地区开展土池育苗。

1. 育苗场地的选择

必须综合考虑当地的气候、潮汐、水质、敌害生物、道路交通及其他安全保障等因素。底质以泥或泥沙为宜，池塘面积一般为 0.5～1 hm^2，池深 1.5 m 左右，蓄水水位在 1 m 左右。池堤牢固，不渗漏，有独立的进排水系统。

2. 池塘的处理

（1）池底处理：育苗前必须进行清淤、翻松、添沙、耙平等工作，为贝类幼虫附着创造适宜的底质环境。

（2）清池消毒：育苗前 10 天左右进行消毒，杀灭敌害生物和致病微生物等。常用的消毒剂为生石灰（150～250 g/m^2）、漂白粉（200 mg/m^2、有效

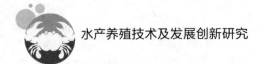

氯 20%~30%）、茶籽饼（35 g/m^2）、鱼藤精（3.5 g/m^2）等。

（3）浸泡清洗：清池消毒后要进水洗池 3 遍以上，彻底清除药物残留。每次进水需浸泡 24 h 以上，浸泡后池中的水要排干，然后注入新水再次浸泡，重复进行。为防止进水时带进新的敌害生物或卵、幼虫，进水口要设置 100 目的尼龙筛网对水进行过滤。

3. 水的施肥处理

由于土池育苗的饵料生物能完全依靠池塘天然繁殖，因此，在育苗前必须通过施肥，在池塘中繁殖足够的生物饵料，这是土池育苗能否成功的关键所在。

（1）施肥种类：常用的化肥为尿素、过磷酸钙、三氯化铁等，有机肥可用发酵的畜禽粪便，有机肥的效应较慢，但肥力较长，可与化肥搭配使用。

（2）施肥量：一般可按 N：P：Fe＝1：0.1：0.01 的比例施肥，氮的使用量通常为 10~15 g/m^2。

（3）施肥方法：通常施肥后 3~4 天，浮游生物即可大量繁殖。可根据饵料生物的繁殖情况适当增减用量。

4. 亲贝的投放与催产

（1）亲贝选择：从自然海区或混养池塘中选择健康成熟的 2~3 龄个体做亲贝。

（2）亲贝数量：根据种类、个体大小来调整亲贝数量，一般在 200~400 kg/hm^2。

（3）催产：产卵前，将亲贝撒放在进水闸门口附近，利用大潮汛期进水，受到海水温差和流水刺激的影响，可以使亲贝自然产卵。也可以在产卵前先阴干 8 h，然后再撒在闸门口附近，经水温和流水刺激，催产效果更好。若采用经过室内促熟培育的亲贝，再如上述方法催产，产卵效果也很好。

土池育苗的贝类一般属于多次产卵型。当首批浮游幼虫下沉附着后，可以根据亲贝的发育情况，进行第二次催产。方法是傍晚将池塘水排干，第二天清晨再进水，使亲贝排卵、受精。也可以利用室内育苗室进行催产、受精，等幼虫发育至面盘幼虫后，随水移入土池让其自然生长。此方法要注意室内外水温的差异不能过大，同时池塘中要有足够的饵料生物保证幼虫的正常摄食。

5. 幼体期管理

土池育苗一般不需要投饵，贝类浮游幼虫依靠摄食池塘内的天然饵料生物，自然生长发育为稚贝。主要管理工作有如下几项。

（1）进排水：前期池塘只进不排，确保之前繁殖的饵料生物不致流失，保持池水各项理化因子稳定。如果需要，可以在幼虫摄食初期，投放适量的光合细菌作为补充饵料。幼虫附着后，池水可以大排大进，为贝类幼虫带来海区天然饵料。

（2）施肥：在幼虫附着之前，需定期施肥，加速繁殖饵料生物。

（3）敌害防治：严格管理进水滤网，防止敌害生物进入池内。随时清除池中的等杂藻类。

（4）观察检测：日常巡视，检查闸门、堤坝漏水情况。每天定时检测水温，采水样，计数幼虫密度，观察个体大小、摄食、健康状况等。

6. 稚贝采集

（1）稚贝规格：当稚贝长到壳长 1.5 mm 以上时，可以进行刮苗移养。

（2）移苗时间：一般在早上或傍晚进行。池水排干后，进行刮苗，刮出的苗种要先清洗，将稚贝与杂质分开，然后再转移至中间培育池内进行中间培育。

（四）天然贝苗的采集

在传统贝类栖息的自然海区，尤其是贝类养殖海区，每年到贝类繁殖季节，海区都会出现数量不等的贝类幼虫，有时数量相当大，这些贝类幼虫在发育到后期壳顶幼虫即将附着转入底栖生活时，如果没有合适的附着基，则会死去或被水流冲走。对于双壳贝类来说，无论是营固着生活的（牡蛎）、营附着生活的（贻贝），还是营埋栖生活的（蛤、蚶、蛏）贝类，在其幼体

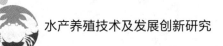

发育阶段都要经历附着变态阶段，而此时如果在海区人工投放适宜的附着基，或设置条件适宜的附着场所，就可以采集到数量可观的贝苗。采集天然贝苗就是利用贝类这一幼体发育特点而进行的。由于这些贝苗是在海区自然环境中生长发育的，所以生命力强、养殖成活率高，避免了人工培育所带来的苗种适应能力差、抵抗力弱、近亲繁殖等弊端，深受人们欢迎。但采集天然苗种也有受气候海况条件影响大、产量不稳定等缺点。

根据贝类的栖息环境、生态习性来说，采集天然贝苗通常有 3 种方式。在贝类繁殖季节，在海区选择浮游幼虫密集的水层，吊挂采苗绳帘，采集贝苗，称为海区采苗，通常用于扇贝、魁蚶、贻贝等苗种采集；通过在潮间带放置采苗器采集贝苗，称为潮间带采苗器采苗；在潮间带合适区域通过修建、平整贝类幼虫的附着场所（平畦），称为潮间带平畦采苗。

1. 采苗前的预报

天然贝苗采集的一个非常重要的工作是确定采苗期，以便在适当、准确的时间段内投放采苗器或平畦，也称为采苗预报。预报不准，采苗效果会大打折扣。过早投放，采苗器上会附着其他海洋生物，影响贝类幼虫附着；过晚投放，则幼虫已失去附着能力或死亡，预示采苗失败。采苗预报分为长期预报、短期预报和紧急预报。长期预报在生殖季节到来之前发出，为生产单位组织准备采苗器材，构筑、平整采苗场所提供参考；短期预报在首批亲贝开始产卵时发出，为生产单位检查采苗准备工作是否充分提供依据；紧急预报在幼虫即将附着时发出，预报未来 3 天幼虫附着情况和可采集到贝苗数量。紧急预报为生产单位投放采苗器或平畦提供依据。通常长期预报 1 年只发 1 次，而短期预报和紧急预报视情况可 1 年多次。

2. 采苗地区的选择

选择附近海域的要求是有一定的亲贝资源，或是贝类养殖海区，可提供足够的贝类浮游幼虫；海区风浪较小，潮流畅通，水质优良，使贝类幼虫能在该海区停留一定的时间。对于不同生活习性的贝类，其底质要求不一，如平畦采集的埋栖型贝类要求底质为疏松的泥沙，以利于幼虫附着；而海区采集的附着型贝类则要求浮泥少，不易浑浊。

3. 采苗的主要方式

（1）海区采苗

海区采苗也称浮筏采苗，一般利用浮筏和采苗器在潮下带至水深 20 m 左右的浅海水域进行垂下式采苗。多用于扇贝、魁蚶、贻贝、泥蚶等种类的苗种采集。我国的栉孔扇贝、日本的虾夷扇贝普遍利用这种方式采集苗种。

①采苗器：一般利用在浮筏上悬挂采苗器进行采集。采苗器的种类有很多，例如：采苗袋，由塑料纱网缝制（扇贝、魁蚶）；采苗板，即透明 PVC 波纹板（鲍）；贝壳串，牡蛎、扇贝壳串制而成；棕网，用棕绳编制而成的棕网；草绳球等。

②采集水层：采集器悬挂水深要根据采集贝类的种类及海区环境的情况而定，因此采集前要对幼虫的分布、海区水深情况等进行水样采集调查分析，确定采集器投放位置，以获得良好的采集效果。一般扇贝幼虫多分布在 5～10 m 的水层，魁蚶幼虫分布在 10 m 以下水层。

（2）潮间带采苗器采苗

潮间带采苗器采苗多用于牡蛎、贻贝等种类的采苗。

①采苗器：牡蛎天然采集的采苗器多种多样，常见的有：石材，花岗岩等硬石块制成，规格 1.0 m×0.2 m×0.05 m；竹竿，多为直径 2～5 cm、长约 1.2 m 的毛竹；水泥桩，规格为 0.5 m×0.05 m×0.05 m 或（0.08～0.12）m× 0.1 m×0.1 m；贝壳串，用扇贝或牡蛎壳串制而成。

②采苗方法：根据采苗器的不同，采苗方法也各有差异。石材和水泥桩一般是用立桩法，将基部埋入滩涂内 30～40 cm，以防倒伏增强其抵御风浪的能力。一般每公顷投放 15 000 个。竹子一般采用插竹法，每 5～10 根毛竹为一组，插成锥形，插入滩涂 30 cm，每 50～80 组排成一排，排间距 1 m。每公顷插竹 150 000～450 000 支。贝壳串采苗法是在低潮线附近滩涂上用水泥桩或竹竿搭成栅架，采苗时，将贝壳串水平或垂直悬挂在海水中采集的一种方法。其他还可以直接将石块或水泥块投放在滩涂上成堆状，将水泥板相

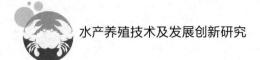

对叠成人字形等方法来采苗。

（3）潮间带平畦采苗

潮间带平畦采苗多用于埋栖型贝类的采苗，如菲律宾蛤仔、文蛤、泥蚶、缢蛏等种类。

①苗畦修建平整：选择底质疏松、泥沙底质的潮间带中高潮区海涂，修筑成形的采苗畦。先将上层的底泥翻耙于四周，堆成堤埂，堤埂底宽 1.5～2 m，高 0.7 m，风浪较大的海区，堤地埂适当加宽加高。畦底再翻耕 20 cm深，使底质松软平整，以便贝类浮游幼虫在潜沙中附着。如果底质中沙含量较少，可在底面上铺上一层沙，作为幼虫附着基质，增加附苗率。采苗畦的面积约为 100 m²，两排之间修一条 1 m 左右宽的进排水沟，沟端伸向潮下带，确保涨落潮时水流畅通。

②采苗方法：在自然海区贝类繁殖季节，根据水样调查分析和采苗预报，选择适宜时机进水采苗。进水前一天，需再将畦底面翻耙平整 1 次，以利于幼虫附着。为提高密度，还可以放水再进水采苗。贝苗附着后，每隔一定时间应在地面轻耙 2～3 次，防止底面老化，为稚贝创造更好的生活环境。

三、贝类养殖

国内外养殖贝类种类有几十种，由于栖息环境和生态习性不同，养殖方式也各不相同，大致可分为海区筏式养殖（如扇贝、贻贝等），潮间带立桩式养殖（如牡蛎、贻贝等）以及潮间带平埋养殖（如蛤、蚶、蛏等）。本节主要介绍扇贝、牡蛎和缢蛏的养殖方式。

（一）扇贝的养殖

扇贝是世界贝类养殖中最重要的品种之一，中国的扇贝养殖在世界领先。自 20 世纪 90 年代起就已经形成产业化，尤其在北方，扇贝养殖已成为海水养殖中的支柱产业之一。目前养殖的扇贝种类主要有 4 种：栉孔扇贝、华贵栉孔扇贝、海湾扇贝和虾夷扇贝。前两种栉孔扇贝为我国本土种，前者分布在北方，后者在南方。海湾扇贝从北美引进，虾夷扇贝从日本引进。

1. 扇贝苗种的来源

扇贝的苗种来源主要有工厂化育苗和海区自然采苗，前者苗源稳定，可根据需要定时定量培育，后者成本低廉，苗种质量较好。大规模产业化养殖主要依靠工厂化育苗，海区自然采集贝苗作为补充。工厂化育苗或自然采集贝苗一般都需经过中间培育，随着个体增长，逐步分级养成。

2. 养殖海区的选择

选择潮流畅通、风浪小、浮泥少、水质无污染、水深 8 m 以上的海区，海水温度、盐度适宜，天然饵料丰富，敌害生物少，海底底质适宜浮筏的固定。

3. 扇贝的养殖方式

扇贝养殖根据不同种类可有几种不同养殖方式，如笼式养殖，用于各种扇贝的养殖；穿耳养殖，主要用于虾夷扇贝养殖；另外还有底播养殖、综合养殖等方式。在此主要介绍扇贝笼养。

（1）养殖器材：由聚乙烯网线编制，直径 30～33 cm，长约 1.5 m，8～12 层，层间距 10～15 cm，网目根据扇贝生长大小逐步调整，一般有 0.5 cm、2.5 cm、3 cm 等多种，分别用于养殖 1 cm、3 cm 的稚贝和成贝。

（2）养殖密度：若暂养笼 8 层，稚贝小于 1 cm 时，每层可放苗 500 粒左右，即一笼为 4 000 粒。当苗长到 2.5 cm 以上，再及时分到养成笼中养殖。每层放苗量控制在 40～50 粒，一笼为 400 粒，太多会影响扇贝生长，太少又浪费养殖器材。虾夷扇贝等大型贝类密度需适当调低。

（3）养殖水层：根据季节和表层水温变化而调整。春、秋季适宜在上层 2～5 m 处养殖，而冬季表层水温较低，夏季表层水温又太高，因此需要将养殖水层降低至 6～10 m，以扇贝网不拖泥为宜，这样既可以避免高、低温，又可以减少附着生物附着，并且能起到很好的抗风浪作用。

（二）牡蛎的养殖

牡蛎是世界范围内最重要的养殖贝类，美国、日本、韩国、法国为世界

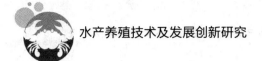

主要养殖国家，澳大利亚、新西兰、墨西哥和加拿大等国的牡蛎养殖业也十分发达，牡蛎也是中国的重要养殖贝类，主要养殖种类有太平洋牡蛎、近江牡蛎和褶牡蛎等。2022年中国的牡蛎养殖产量为600万t。

1. 牡蛎苗种的来源

牡蛎的苗种来源主要有采集海区自然苗（潮间带采苗器和深水浮筏采集）和工厂化人工育苗。我国各地的牡蛎养殖多以采集自然苗种为主。

2. 牡蛎海区的选择

牡蛎属于咸水或半咸水海洋生物，一般分布在河口、内湾水域。养殖场地宜选择在潮流畅通、风浪较小、饵料生物丰富、最好有环流的海区。底质与养殖器材的设置有关，一般为沙泥底。底质太软则不利于操作，太硬则不利于竹竿、石材的设置。尽可能选择藤壶、贻贝等生物较少的海区，以免与牡蛎竞争生活空间和食物。

3. 牡蛎的养殖方式

根据苗种来源不同，牡蛎的养殖方式也各有差异。一般潮间带采苗器采集的多采用直接养殖，而海区浮筏采集或人工培育的苗种则多采取浮筏浮绳养殖，也可以将自然采集或人工育苗培育的牡蛎苗种从采苗器上剥离，进行滩涂播养。另外还可以将牡蛎置于虾池内进行多元化生态养殖。

（1）直接养殖

一般都在中、低潮区。直接养殖是牡蛎的传统养殖方式，通常在采苗后，将采苗港进行适当调整后直接进行养殖，如插竹养殖、立粒养殖、投石养殖、桥石养殖、栅架式养殖等。

①插竹养殖：一般在采苗后，将养殖密度调疏1～2次，称为分殖。分殖的作用是扩大牡蛎的生活空间，促进生长，同时还可以减少牡蛎苗的脱落。

②立桩养殖：与插竹养殖相似，立桩养殖是在滩涂上设置条状石材或水泥桩，采苗后在原地继续养殖，直至收获。如果附着的牡蛎苗过密，可以人工去除一部分。收成时，可将牡蛎从石材或水泥板上铲下来，带回岸上剥取牡蛎肉。

③ 投石养殖：与上面两种方式类似，需注意的是要防止石块下沉或被淤泥埋没，所以需要根据情况不定时地将石块移位，一则防止下沉，同时也可以为牡蛎选择饵料生物丰富的区域继续养殖。

④ 栅架式养殖：在海区潮间带滩涂设置栅架，栅架用水泥桩、木杆或竹竿搭成，将牡蛎苗绳悬挂其上进行养殖。随着牡蛎的生长，应把贝壳串拆开，扩大贝壳间距，以适应牡蛎生长。此外应及时调整吊挂水层，夏季水温高时，可缩短垂吊深度，增加露空时间，以减少苔藓虫、石灰虫等生物附着。至牡蛎生长后期，应加大吊养深度，增加牡蛎摄食时间，加快其生长。

（2）浮筏养殖

采用的是常规海上浮筏式养殖方式。海区水深在干潮 4 m 以上，冬季不结冰，夏季水温不超过 30 ℃，海区水流流速在 0.3～0.5 m/s 为宜。

养殖绳一般长 3～4 m，用 14 半碳钢线或 8 镀锌钢丝制成，悬挂在浮筏上，相互间距约 0.5 m。将从自然海区或育苗场采集的采苗器（多为贝壳串）夹在养殖绳上。第一个采苗器应固定在水下 20 cm 处，以下间隔在 15～20 cm。

养殖期间的管理主要是及时疏散养殖密度和调节养殖水层，以保证牡蛎能获得充足的饵料。随着牡蛎的生长，负荷加重，需要增加浮子的浮力，防止沉筏。另外要加强安全意识，尤其是台风季节，加固浮筏，台风过后，及时整理复原。

我国广东省近江牡蛎浮绳养殖从采苗到养成收获一般要养殖 26 个月，日本太平洋牡蛎从采苗到养成需要 14～15 个月。

（3）滩涂播养

滩涂播养是将采苗器或潮间带岩石上的牡蛎苗剥离下来，以适当的密度播养到泥沙滩涂上，牡蛎即可在滩面上滤食生长。这种方式类似蛤、蚶类养殖，具有不用固着器、可以充分利用滩涂、操作简便、成本低、单位面积产量高等优点。

牡蛎播养一般选择在风浪较小、潮流畅通的内湾，泥沙地质为宜。应选择在中低潮区，潮位过高，牡蛎滤食时间会受限，影响生长；而太低，则容

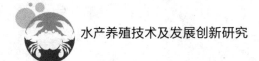
易被淤泥埋没，周边不能受到河流流入或鱼虾养殖场排水等因素的干扰。

牡蛎播养的季节一般应在 4—5 月，水温逐步上升的时节，以保证能有充足的饵料。牡蛎苗种规格以壳长 2～4 cm 为宜，通常前一年 7～8 月固着的自然苗或人工培育苗到第二年的春季可达 2～4 cm（400 粒/kg），正适宜播养。

播苗的方法有干潮播苗和带水播苗两种。干潮播苗是在退潮后滩面露干时，把牡蛎苗均匀撒播在滩面上。播苗前需要将滩面整平，尽量避免将苗种撒在坑洼不平的滩面上。最好播完苗后就开始涨潮，以免牡蛎苗露空时间太长，尤其避免中午太阳暴晒。带水播苗是在涨潮时，乘船将苗撒入滩面。播苗前需规划平整滩面，并插上竹竿作标记，便于播苗均匀。由于干潮播苗肉眼可见，更容易播种均匀，所以多采用干播法。

播苗密度根据海区水质和饵料生物丰富程度而定。一般播种密度在（7～10）×10^4 kg/hm^2，正常情况下，经过 6～8 个月的养殖，一般可收获约 $40×10^4$ kg/hm^2 的产量。

（三）缢蛏的养殖

缢蛏广泛分布于我国南北沿海滩涂地区。由于其肉味鲜美、营养丰富，而且壳薄、肉多，养殖成本低、周期短、产量高，收益稳定，深受养殖者的欢迎，是浙江、福建等地的主要养殖品种，养殖历史悠久。北方主要以增殖保护为主，近年来也开始养殖。

缢蛏的主要养殖方式有平埕（涂）养殖、蓄水养殖、池塘混养（与鱼类或虾类）以及围网养殖等多种形式。由于缢蛏的埋栖生活特性，因此各种养殖方式差异不大，其中平埕养殖是传统养殖方式，应用最广。缢蛏池塘混养时，在池底平埕整理出若干蛏条，在此主要介绍滩涂平埕养殖。

1. 缢蛏苗种的来源

缢蛏的苗种主要来源于潮间带半人工平畦采苗，近年来也开始试行人工育苗作为补充。

2. 缢蛏海区的选择

选择内湾或河口附近，平坦且略有坡度的滩涂，位于潮间带中潮区下部和低潮区，每天干露时间 2～3 h 为宜。潮流畅通，风浪小。由于缢蛏为埋栖型贝类，且埋栖深度较蛤、蚶类都深，因此要求底质为软泥或泥沙混合，偏泥底质，最好是底层为沙，中间 20～30 cm 为泥沙混合，表层为 3～5 cm 的软泥。缢蛏养殖的适宜水温为 15～30 ℃。

3. 蛏埕的修建

蛏埕是缢蛏的栖息场所，其修建与农田类似。在蛏埕的四周建起堤埂，高 30～40 cm，风浪较大，则堤埂应适当加高，目的是挡住风浪，保持蛏埕滩面平坦。堤内埕面可根据操作方便，开挖小沟，将蛏埕划分成宽 3～7 m 不等的一块块小畦，畦与畦之间的沟既可以排水，也方便人行走，不致践踏蛏埕。

无论是旧蛏埕（熟涂）还是新蛏埕（生涂），都要经过整理才能放养，一般要经过 3 个步骤：翻土、耙土和平埕。

（1）翻土：用海锄头、四齿耙等工具将蛏埕翻深 30～40 cm，经翻耕后能使泥沙混合均匀，适宜养蛏。同时翻耕还可以让原来在表层生活的玉螺等生物翻到土内使之窒息死亡。土层深处的敌害生物如虾虎鱼、章鱼等应及时捕捉或杀灭。经过翻耕，涂内洞穴消失，土质结构得以改善。一般在放苗前 6 天进行翻耕，次数以 3 次为宜。土质较硬的滩涂可以采用机械翻耕，以提高效率。

（2）耙土：将翻土形成的土块捣碎，使表层泥土碎烂均匀、细腻柔软。

（3）平埕：用木板将埕面压平抹光，使埕面呈现中间高、两边低的马路形，不致使埕面积水。操作时，站在畦沟，逐步后退，不留脚印。

翻土、耙土、平埕次数根据埕地底质不同而有差异。底质较硬且含沙量高，需要在播种前 2 周开始操作，重复进行 2～3 次，而软泥底质则 1 次即可，播种前 2～3 天进行。

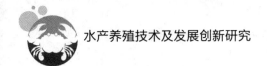

4. 缢蛏苗的播种

播种时间一般在农历十二月中上旬开始，至第二年的清明节前结束，最好是在农历一二月。蛏苗个体 1～1.5 cm，均匀撒播在埕面上。一般播 1 cm 苗的密度为 1 000 kg/hm²，低潮区或沙质底可以适当增加播种量。需在潮水上涨前半小时将苗播完，确保蛏苗及时钻穴，以免被潮水冲走。

5. 缢蛏的日常管理

初期及时检查蛏苗成活率，发现死亡率过高，则需及时补苗。平时，每周巡查 1 次，注意埕面是否因风浪导致不平、积水，如果出现以上情况需及时修复。

贝类是水生动物中种类最多的门类，有许多重要的经济养殖种类，养殖历史久远，养殖范围遍布世界各地。大多数贝类以滤食为生，在幼体发育时要经历担轮幼虫和面盘幼虫阶段，之后转入底栖或附着生活。

贝类的苗种培育主要有工厂化人工育苗、土池育苗和海区采集自然苗 3 种。工厂化人工育苗通常需经过亲贝培育、人工诱导产卵、人工授精孵化、幼虫培育、幼虫附着采集和稚贝培育等阶段。土池育苗需要进行选择亲贝、修整贝苗附着场地、繁殖基础饵料生物等工作。海区采集自然苗的重要工作是选择好海区和做好准确的苗种采集预报工作。具体又分 3 种采苗类型：海区自然苗采集（扇贝、魁蚶等）、潮间带采苗（牡蛎等）和平畦（埕）采苗（缢蛏等）。上述各种方式培育的贝类苗种一般需要经过中间培育后再进入养成阶段。

贝类养殖形式多种多样，主要有海区筏式养殖、潮间带插竹、投石养殖和潮间带滩涂平埕养殖等。扇贝通常是采用海区筏式吊笼养殖，一般要求海区水深为 8～10 m。随着贝类的生长，笼中贝类的密度需要多次调整。牡蛎主要采用潮间带插竹、投石或立桩养殖，也可以进行浮筏养殖或滩涂播养。缢蛏主要采用潮间带低潮区滩涂平埕养殖，主要是做好翻耕、平整缢蛏穴居生活的埕面等工作。

第三节　藻类养殖技术

藻类指一类叶状植物，没有真正的根茎叶的分化，是以叶绿素 a、叶绿素 b、叶绿素 c 等作为光合作用的主要色素，并且在繁殖细胞周围缺乏不育的细胞包被物，传统上将之视为低等植物，现代分类学家将之列入原生生物界，与原生动物一起同属此界，而与真正陆生植物属不同界。藻类植物的种类繁多，分布广泛，目前已知有 3 万种左右，广布于海洋及淡水生态系统中。藻类形态多样，有单细胞，也有多细胞的大型藻类。人类利用藻类的历史悠久，尤其是大型海藻，在食品工业、医药工业、化妆品工业、饲料工业及纺织工业中都有广泛的应用，大型海藻的栽培是水产养殖的重要内容，本节重点介绍大型经济海藻的栽培。

一、藻类生物学介绍

（一）藻类的类别与特征

中国藻类学会编写的《中国藻类志》中将藻类分为 11 门，即：蓝藻门、红藻门、隐藻门、甲藻门、金藻门、硅藻门、黄藻门、褐藻门、裸藻门、绿藻门、轮藻门。而国外藻类学家最新编写的《藻类学》一书，则将藻类分为 4 个类群 10 个门。原核类：蓝藻门。叶绿体被双层叶绿体被膜包裹的真核藻类：灰色藻门，红藻门，绿藻门。叶绿体被叶绿体内质网单层膜包裹的真核藻类：裸藻门、甲藻门、顶复门。叶绿体被叶绿体内质网双层膜包裹的真核藻类：隐藻门、普林藻门、异鞭藻门。

藻类具有 5 个基本特征：（1）分布广，种类多。（2）形态多样，从单细胞直至多细胞的丝状、叶片状及分枝状的个体。（3）细胞中有多种色素或色素体，呈现多种颜色。（4）结构简单，无根茎叶的分化，无维管束结构。（5）不开花，不结果，靠孢子繁殖，没有胚的发育过程。

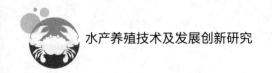

（二）海藻的生存方式

海藻生存的区域可划分为潮带、浅海区和滨海区。根据多细胞大型海藻藻体生长点位置的不同，将海藻的生长方式分为以下 5 种。

散生长：藻体各部位都有分生能力，即生长点的位置不局限于藻体的某一部位，这种生长方式称为散生长。

间生长：分生组织位于柄部与叶片之间，这种生长方式称为间生长。如海带目的种类。

毛基生长：生长点位于藻毛（毛状的单列细胞藻丝）的基部，这种生长方式称为毛基生长。如一些褐藻酸藻目（Desmarestiales）和毛头藻目（Sporochnales）等种类。

顶端生长：藻体的生长点位于藻体的顶端，这种生长方式称为顶端生长。如墨角藻目（Fucales）等的种类。

表面生长（又称边缘生长）：有些藻体细胞由表面向周围生长，这种生长方式称表面生长或边缘生长。如网地藻目（Dictyotales）等的一些种类。

海藻的生活方式多样，一般可分为浮游生活型、附生生活型、漂流生活型、固着生活型及共生或寄生型 5 种。其中固着生活型和漂流生活型一般为多细胞大型海藻的生活方式。

（三）海藻的生活史类型

海藻的生活史定义：海藻在整个生长发育过程中所经历的全部时期，或一个海藻个体从出生到死亡所经历的各个阶段。

虽然海藻比高等植物的结构简单，但因其种类丰富、形态多样、生长环境不同，有各自的生活习性。因此海藻的生活史是多样化的。

单细胞海藻的生活史简单，没有有性生殖，只有简单的细胞分裂生殖、藻体断裂和孢子生殖。具有性生殖能力的多细胞大型海藻的生活史较为复杂，其生活史中出现了藻体细胞的核相交替，产生了具有不同细胞核相的单倍体（配子体）和双倍体（孢子体）藻体。并且不同核相的藻体在生活史中进行着有规律的交替出现（称为世代交替）。依据生活史中有几种类型的海藻个体、体细胞为单倍或二倍染色体，以及有无世代交替，将存在有性生殖海藻的生活史划分为 3 种基本类型和 5 种生活史类型。

1. 单世代型

单世代型是在生活史中只出现一种类型的藻体，没有世代交替现象的类型。根据海藻体细胞为单倍或二倍染色体，又分为单世代单倍体型生活史和单世代二倍体型生活史两种类型。

（1）单世代单倍体型（单元单相 Hh）。藻体细胞是单倍体（n），有性生殖时，体细胞直接转化成生殖细胞，仅在合子期为二倍体（2n），合子萌发前经减数分裂，萌发产生新的单倍体藻体（n），生活史中只有核相交替而无世代交替，如衣藻的生活史。

（2）单世代二倍体型（单元双相 Hd）。藻体细胞是二倍体（2n），有性生殖时，体细胞经减数分裂后产生生殖细胞（n），合子不再进行减数分裂，直接发育成新的二倍体藻体（2n），生活史中只有核相交替而无世代交替，如马尾藻的生活史。

2. 二世代型

二世代型是在生活史中不仅有核相交替，而且还有两种类型藻体出现世代交替现象的类型。根据两种藻体的形态、大小以及能否独立生活，又分为以下两种类型。

（1）等世代型（双元同形 Dih+d）。生活史中出现孢子体（2n）和配子体（n）两种独立生活的藻体，它们的形态相同，大小相近，二者交替出现的生活史类型，又称同形世代交替，如石莼的生活史。

（2）不等世代型（双元异形 Dhh+d）。生活史中出现孢子体（2n）和配子体（n）两种独立生活的藻体，它们在外形和大小上有明显差别，二者交替出现的生活史类型，又称异形世代交替。根据大小的不同，分为配子体大于孢子体型和孢子体大于配子体型，属于前者的如紫菜的生活史，属于后者

的如海带的生活史。

3. 三世代型

三世代型是在生活史中不仅有核相交替，还有 3 种类型藻体出现世代交替现象的类型，见于某些红藻。在这种类型的生活史中有孢子体（2n）、配子体（n）和果孢子体（2n）3 个藻体世代，其中的果孢子体又叫囊果，不能独立生活，寄生于雌配子体上，如江蓠的生活史。

二、海带养殖

（一）海带育苗

海带，分类上属于褐藻门，褐子纲，海带目，海带科，海带属。我国海带栽培业的稳步发展是建立在海带自然光低温育苗（夏苗培育法）和海带全人工筏式栽培技术的基础上实现的。海带育苗可分为孢子体育苗和配子体育苗。应用于栽培生产的海带苗种繁育方式主要有自然海区直接培育幼苗、室内人工条件下培育幼苗和配子体克隆育苗 3 种。目前我国的海带育苗仍以传统的夏苗培育法为主。

1. 自然海区育苗

自然海区育苗在海上海带养殖区进行。在中国北方的辽宁、山东地区，一般在 9 月下旬至 10 月底，当海水温度降到 20 ℃以下时，利用海带孢子体在秋季自然成熟放散游孢子的习性，采集海底自然生长或单独培养的成熟种海带。在自然海区用劈竹等育苗器进行海带游孢子采集，然后将育苗器悬挂于事先设置好的浮筏上进行培育，使之形成配子体并获得海带幼孢子体。最后将幼苗分夹到粗的苗绳上进行养成。

自然海区育苗得到的海带苗为秋苗，秋苗培育的优点是，凡是能开展海带栽培的海区，只要有成熟的种菜，就能进行培育，不需要特殊的设备。但是秋苗培育是在海上进行，培育时间长达 3 个月，敌害多，加之正值严寒的隆冬季节，易导致生产不稳定、产量低的结果。

2. 工厂化低温育苗

工厂化低温育苗利用育苗车间，调整自然光，在低温、流水的条件下进行培育海带苗，通常在初夏进行，所得的苗种通常称夏苗。工厂化低温育苗与自然海区育苗相比，具有育苗产量高、培育劳动强度低、种海带用量少、敌害易控制、可在南方进行生产等优点，但存在培育时间长、成本高、难以实现稳定和高度一致的良种化养殖等缺点。其育苗的主要设备包括制冷系统、供排水系统、育苗室、育苗池及育苗器等。

（1）海带的培养

采用自然海区度夏或室内培育的方法培育种海带。当初夏水温达到 25 ℃左右时，从海上选出藻体层厚、叶片宽大、色浓褐、附着物少、没有病害及尚未产生孢子囊的个体，移入室内继续培育。室内培育条件：水温 13～18 ℃，光照 1 000～1 500 lx，培育海水经过净化处理，采用流水式培育，施肥分别为氮 400 mg/m³、磷 52.0 mg/m³，一般培养 14 天左右，叶片上就能大量形成孢子囊群，即可用来采苗。种海带的选用量根据育苗任务及种海带的成熟情况而定，一般一个育苗帘准备一棵种海带即可。

（2）采苗

① 采苗时间。何时采苗主要从两个方面考虑：一是能采到大量健康的孢子；二是要在海区水温回升到 23 ℃之前采完苗。北方一般在 7 月下旬至 8 月初进行采苗。

② 种海带的处理。在采苗前还要对种海带进行一次处理，将种海带上附着的浮泥、杂藻清除掉，然后剪掉边缘、梢部、没有孢子囊群的叶片部分以及分生的假根，重新单夹于棕绳上（株距约 10 cm）。夹好的种海带要放到水深流大的海区，以促使其伤口愈合和孢子囊的成熟，待孢子囊即将成熟、傍晚或清晨气温较低时，运输到育苗场，用低温海水对种海带进行清洗、冲刷处理，以免影响孢子的放散与附着。为获得大量集中放散的孢子，可将种海带进行阴干处理 2～3 小时，刺激时气温保持在 15 ℃左右，最高不超过 20 ℃。当海带成熟度好时，把种海带运到育苗室进行洗刷就可能会有大量放散孢

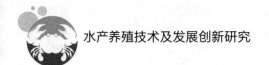

子，经洗刷后可直接采孢子。

③孢子水的制作。种海带经过阴干处理后移入放散池，即可进行孢子放散。阴干处理的种海带，由于叶面上的孢子囊失去部分水分，突然入水后，便吸水膨胀，孢子囊壁破裂，游孢子便大量放散出来。在160倍显微镜下观察，每视野达到10~15个游动孢子时，即可停止放散，这时将种海带从池内移出，并用纱布捞网将种海带放散孢子排出的黏液及时捞出，以防黏液黏附在育苗器上，妨碍孢子的附着与萌发，败坏水质，同时用纱布捞网清除其他杂质，制成孢子水。

④孢子的附着。孢子水搅匀后，将处理好的棕绳苗帘铺在池水中，根据水深及放散密度，一般铺设6~8层苗帘，苗帘要全部没入孢子水中。铺设苗帘时，可在上、中、下3个不同水层的苗帘间放置玻片，以便检查附着密度，经过2 h的附着，镜下160倍附着密度达10个左右即可停止附着，将附着好的苗帘移到放散池旁边的已注入低温海水的育苗池中，把原放散池洗刷干净，打绳架并注入新水，以备附着好的苗帘移入。

（3）培育管理

①水温的控制。海带苗培育适宜的温度为5~10 ℃。在育苗过程中要严格控制温度，并根据幼苗生长阶段调整温度。初期（配子体时期）水温控制在8~10 ℃；中期（小孢子体时期）7~8 ℃；后期（幼苗时期）8~10 ℃；在接近出库前水温可提高到12 ℃左右。

②光照的调节。每天保证10 h以上的光照时间，光强在1 000~4 000 lx为适宜范围。根据各时期幼苗大小给予不同的光照强度。前期（配子体时期）1 000~1 500 lx；中期（小孢子体时期）1 500~2 500 lx；后期（幼苗时期）2 500~4 000 lx；在出库前可适当提高光强，以适应下海后的自然光强，光照时间以10 h为适宜。

③营养盐的供给。海带苗培育过程中要不断地补充营养盐，特别是氮、磷的含量，以满足海带幼苗的生长需要。生产上一般采用硝酸钠做氮肥，磷酸二氢钾做磷肥，柠檬酸铁做铁肥。

④ 水流的调节。在育苗初期配子体阶段，较小的水流即可满足其发育需要；发育到小孢子体之后，随着个体的增大，呼吸作用不断加强，必须给予较大的水流。

⑤ 育苗器的洗刷。在幼苗培育过程中，苗帘和育苗池要定期进行洗刷，清除浮泥和杂藻。苗帘洗刷一般在采苗后第 7 天开始。随着育苗场育苗能力的加大，双层苗帘的出现，苗帘开始洗刷的时间也应提前，在采苗后第 3 天即开始洗刷，洗刷的力度及次数根据不同时期具体情况而定。育苗初期，洗刷力度轻、次数少，育苗中后期，洗刷力度大、次数多。苗帘的洗刷有两种方法：一是通过水泵吸水喷洗苗帘；二是两人用手持钩，钩住育苗帘两端，在玻璃钢水槽内或特制的木槽内上下击水，利用苗帘与水的冲击起到洗刷作用。现在大库生产一般使用水泵吸水喷洗方法。

⑥ 水质的监测。在整个育苗过程中，要检查各因子的具体情况，测定培育用水中各因子的含量，确定是否适合海带幼苗生长，并适时调整到最适宜状态。

3. 无性繁殖系育苗

配子体克隆育苗，简单地说就是将保存的雌、雄配子体克隆分别进行扩增培养，把在适宜条件下培养的雌、雄配子体克隆按一定比例混合，经机械打碎后均匀喷洒于育苗器上，低温培育至幼苗。配子体克隆育苗生产技术体系包括克隆的扩增培养、采苗以及幼苗培育。配子体育苗较传统的孢子体育苗具有可快速育种、能够长期保持品种的优良性状，工艺简单，育苗稳定性高，劳动强度低，可根据生产需要随时采苗、育苗等优点，但要求生产单位必须具有克隆保种、大规模培养和苗种繁育的整套生产技术体系，而目前多数苗种生产单位尚未掌握配子体克隆保种和育苗技术，这在一定程度上影响了该技术的推广应用。

（1）克隆的扩增培养

将种质库低温保存的克隆簇状体经高速组织捣碎机切割成 200～400 μm 的细胞段，接种于有效培养水体为 16 L 的白色塑料瓶中。初始接种密度按克隆鲜重 1～1.5 g/L 为宜。24 h 连续充气，使配子体克隆呈悬浮状态，充分接受光照，有利于克隆的快速生长。克隆经过约 40 天的培养，由初始的 200～400 μm 的细胞段长成簇状团，肉眼看是较大颗粒。此时，对于克隆团的内部细胞，光照已严重不足，影响其生长，需及时进行机械切割并分瓶扩种。如果培养的克隆肉眼观看呈松散的絮状，显微镜下细胞细长、色素淡，生长状态很好，此时不需机械切割，可以直接分瓶。

克隆培养温度一般控制在 10～12 ℃，光照以 8 光灯为光源，24 h 连续光照，接种初期光强一般采用 1 500～2 000 lx，随着克隆密度的增大，光强可提高到 2 000～3 000 lx，扩增培养结束前十几天可适当降低光强。营养盐以添加 $NaNO_3$-N10 g/m^3，KH_2PO_4-P1g/m^3 为宜。当克隆鲜重量达到每瓶 400 g以上，可加大培养液中 KH_2PO_4-P 含量至 2 g/m^3。每周更换一次培养液。更换培养液前停止充气，使克隆自然沉降于培养容器底部，沉降彻底直接倒出上清液，沉降不彻底或克隆量较多，可用 300 目筛绢收集倒出克隆。

（2）采苗

克隆采苗一般在 8 月中旬进行。将扩增培养的克隆簇状体按雌、雄鲜重比 2∶1 进行混合，连同少量培养液置于高速组织捣碎机进行第一次切割，切割时间一般为 10～15 s，将克隆由簇状团切割成 500～600 μm 的细胞段。将一次分离的配子体克隆进行短光照培养，目的是使雌、雄配子体细胞由生长状态转向发育状态，这样附苗后很快可发育成孢子体。短光照培养光期 L∶D 为 10∶14，光照强度为 1 500 lx 左右，温度 10～12 ℃，营养盐 $NaNO_3$-Nl0g/m^3，KH_2PO_4-Plg/m^3。短光照培养一般在采苗前的 7～16 天进行。经过 7～16 天的短光照培养，配子体细胞仍有所生长，细胞段太长不利于附着或附着不匀，故采苗前要进行第二次机械切割，并经 400 目筛绢搓洗过滤，未滤出的细胞段继续进行机械切割过滤，反复进行。滤出的细胞段基本为 1～5个细胞。滤出的细胞液经低温（5～6 ℃）海水稀释至一定浓度，用喷雾器均匀喷洒在已平铺了一层棕绳苗帘并且加满低温海水的培育池水面上，细胞段靠重力自然沉落于苗帘上。每个棕绳苗帘按雌克隆鲜重 3 g 进行均匀喷洒。

（3）幼苗培育

水温的控制：采苗时 5～6 ℃，静水期间不超过 15 ℃，流水期间水温 7～10 ℃。

光照的调节：配子体至 8 列细胞时，高光 3 000 lx，平均光 1 700～1 800 lx；8 列细胞至 0.3 mm 时，高光 3 300 lx，平均光 1 800～1 900 lx；0.3～3 mm 时，高光 3 600 lx，平均光 1 900～2 000 lx；3～5 mm 时，高光 4 000 lx，平均光 2 100～2 200 lx；5～10 mm 时，高光 4 500 lx，平均光 2 200～2 400 lx；10 mm 以上，高光 5 000 lx 以上。

水流的调节：为避免配子体细胞段受外力作用影响其附着率，采苗第一天静水培养，24 h 后微流水，72 h 后正常流水。

苗帘的洗刷：孢子体大小普遍在 8 列细胞时开始洗刷，洗刷力度前期弱，之后逐渐增强。如果附苗密度偏大，孢子体大小在 2～4 列细胞时就开始正常洗刷，将冲刷下来的孢子体和配子体进行收集，重新附在空白苗帘上，进行双层帘培育，这样既增加了培育的苗帘数量，使配子体采苗双层帘的使用成为可能，也不会造成克隆浪费。

清池：采苗 20 天后开始清池，培育前期每 15 天清池一次，培育后期每 7～10 天清池一次，根据水质和幼苗生长情况而定。

在整个育苗过程中要对海水密度、营养盐、酸碱度、溶解氧进行检测分析，对氨的含量更要做细致检查，保证育苗水质适合幼苗的生长。

4. 海带苗后期的培育

目前夏苗仍是海带栽培的主要苗源。室内培育的海带幼苗，在培育过程中随着藻体的长大，室内环境不能满足其生活需要时，就要及时地将幼苗移到自然海区继续培育，以改善幼苗的生活条件。将幼苗从室内移到海上培育的过程，生产上一般称为出库；幼苗在海上长到分苗标准的过程，称为幼苗暂养。

（1）幼苗出库

自然光低温培育的夏苗，在北方一般经过 80～100 天，在南方经过 120 天左右，当自然海水温度下降到 19 ℃左右时，即可出库暂养。在北方约在 10 月

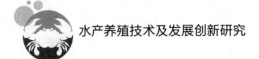

中下旬，在南方约在 11 月中下旬。

要保证幼苗下海后不发生或少发生病害，一定要考虑下述两点：一是必须待自然水温下降到 19 ℃以下，并保持稳定不再回升；二是要在大潮汛期或大风浪天气过后出库，在大潮汛期，水流较好，风后水较浑浊，透明度较低，自然肥的含量较高，这样就可以避免或减轻病害的发生。

在水温适宜的情况下，要尽量早出库。早出库的苗长得快。出库时，一定要达到肉眼可见的大小，否则幼苗下海后由于浮泥的附着、杂藻的繁生，而使幼苗长不起来，或长得太慢，影响生产。此外，苗太小，生活力弱，下海后由于环境条件的突然变化而适应性变差，就易发生病害。

（2）海带苗的运输

海带苗的短途运输（运输时间不超过 12 h），困难不大。长距离运输需要采取措施降低藻体新陈代谢，尽量减少藻体对氧气和储藏物质的消耗，避免升温，抑制住微生物的繁殖等，才能安全运输。幼苗的运输有湿运法和浸水法。湿运法适于短距离运输，比较简单、方便，一般用于汽车夜间运输，在装运时，先用经海水浸泡过的海带草将汽车四周缝隙塞紧，并将车底铺匀，然后一层海带草一层育苗器相互间隔放，以篷布封牢，并浇足海水。装车时，不要把两个育苗器重叠在一起，每车最多装 15 层，一车可装 500×10^4 株苗。装的层数太多了容易发热。浸水运输法是将幼苗置于盛有海水的运输箱内，在箱内用冰袋降温。

（3）幼苗的暂养

从夏苗出库下海培养到分苗为止，这段时间为夏苗暂养时间。这段时间幼苗暂养的好坏不仅影响到幼苗的健康和出苗率的多少，而且也能直接影响到分苗进度。

（二）海带的栽培

1. 海带栽培海区的选择

海带养殖生产的好坏与海区的选择有密切关系。海带栽培海区一般要求底质以平坦的泥底或者泥沙底为好，适合打橛、设筏；水深要求大于潮时保持 5 m 以上。理想的养殖海区是流大、浪小，潮流为往复流，且水色澄清、透明度较高。海区营养盐丰富，无工业或生活污水污染。

2. 海带养殖筏的结构

海带养殖筏的类型主要有单式筏和方框筏两种。单式筏是由一个浮梗、两条粗橛缆、两个橛子（或石蛇）和若干个浮子组成。单式筏架是目前广泛使用的筏架。方框筏比单式筏优越，但是抗风浪能力差，只适合内湾海区养殖。

养殖业的海区布局要有统一的规划，合理布局。一般 30～40 台筏子划为一个区，区与区间呈"田"字排列，区间要留出足够的航道，区间距离以30～40 m 为宜，平养的筏距以 6～8 m 为宜。关于筏子设置的方向，风和流的因素都要考虑。如果风是主要破坏因素，则可顺风下筏；如果流是主要破坏因素，则可顺流下筏；如果风和流威胁都较大，则要着重解决潮流的威胁，使筏子主要偏顺流方向设置。当前推广的顺流筏养殖法，必须使筏向与流向平行，尽量做到顺流。若采取"一条龙"养殖法，筏向则须与流向垂直，要尽量做到横流。

3. 海带的分苗程序

将生长在育苗器上的幼苗剔除下来，再夹到苗绳上进行养成，这样一个稀疏的过程在养殖生产上称为分苗。夏苗是在自然海区水温下降的，这时自然水温还在继续下降，水温越来越适宜海带的生长。因此，分苗时间越早，藻体在优良的环境中度过最适宜温度的时间就越长，海带生长就越好。

分苗前要准备好苗绳、吊绳、坠石和坠石绳等用具。分苗时幼苗越大越好。一般幼苗分苗时，长度 10 cm 是最低标准，以 12～15 cm 较为适宜，此时柄部才有一定的长度，这样就能保证只夹其柄部，而不致夹到其生长部。海带分苗的工序包括剔苗、运苗、夹苗和挂苗四步。

（1）剔苗：就是将附苗器上生长到符合分苗标准的苗子剥离下来，以进行夹苗。

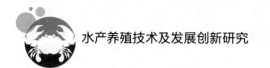

（2）运苗：剔好的苗要及时运到陆地上，以便及时夹苗。

（3）夹苗：就是将幼苗一棵接一棵或 2～3 棵一簇接一簇，按一定密度要求夹到分苗绳上。

（4）挂苗：苗夹好后，要及时组织专人出海，将分苗绳挂到筏子上。挂苗方式有两种，一是先密挂暂养一段时间，将 2～3 行筏子上的苗绳集中挂在一行筏子上，养育一段时间后再稀疏开来；二是不密挂暂养，直接按养成时的挂苗密度挂到筏子上，一般先垂挂，之后再平起来。

总之，在分苗操作过程中，要求轻拿、轻放、快运、快挂、保质、保量，防止掉苗，防止漏挂。

4. 海带的栽培形式

目前我国海带筏式栽培有垂养、平养、垂平轮养和"一条龙"等主要栽培形式。

（1）垂养：是垂直利用水体的一种养成形式。在垂养条件下，除苗绳上端几棵海带的生长部受到较强的光照，对生长部细胞的正常分裂有一定的抑制作用外，大部分海带的生长部都会受到上端海带叶片的遮挡，避免强光刺激，因而垂养海带的平直部形成比平养要早，这是垂养的最大优点。垂养的另一优点是由于叶片下垂，每绳海带所占的水平空间较小，苗绳之间易形成"流水道"，阻流现象较轻，潮流比较通畅，有利于海带生长。垂养第三个优点是海带能够随波摆动幅度大，也直接改善了海带的受光条件。

垂养的缺点是苗绳下部海带所能接受的光线比较弱，特别是在养殖的中后期，海带藻体长度大于 2 m 以上时，藻体本身对光线的需要增加，苗绳上部海带对下部海带的遮光现象变得更加严重，使苗绳下端的海带生长缓慢，呈现出受光不足的症状，藻体颜色也逐渐由浓褐色变为淡黄色。为了解决这个矛盾，生产上采取了倒置的方法，即下端海带生长缓慢、色泽开始变淡时，将苗绳原来在下端的部位与上端部位倒过来。在养殖过程中需进行多次倒置，使上、下部的海带都得到充足的光照。倒置虽然解决了受光不匀的问题，但是人力耗费太大，在倒置过程中藻体也易受到损伤，而在光能的利用上仍然不充分，因而产量较平养的低。

（2）平养：是水平利用水体的养殖方法。分苗后将苗绳挂在两条筏子相对称的两根吊绳上。在海水透明度较小的海区，平养是一种较好的海带养殖形式，海带受光充足且均匀，产量较高。平养最大的优点是合理利用了光能，大大减少了海带之间的遮挡情况，使每棵海带都能得到较充足的光照，生长迅速，个体间生长差异比较小，产量高。另一优点是不需要像垂养那样频繁颠倒，节省了工时，减轻了劳动强度。但平养也有其缺点，平养中海带生长部位暴露在较强光照下，不符合海带的自然受光状况，将会抑制生长部细胞的正常分裂，海水透明度严重增大，不但使生长部细胞分裂不正常，而且叶片生长也不舒展，平直部形成晚且短小，也容易促成叶鞘过早衰老。海带根部也不适应强光，受到强光照射会抑制根部生长，使根系不发达，容易造成附着不牢固而掉苗。平养另一个缺点是缠绕比较严重。总的说来，平养比垂养好，主要是平养的产量高、质量好、劳动强度低。平养已成为我国海带筏式养殖的一种重要形式。

（3）垂平轮养：是根据海带每个时期对光照的不同要求，结合海区条件变化而采取的或垂或平交替的养成方法。在透明度大的海区，分苗初期海带不喜强光，一般采用垂养，当海带长到一定大小时，下层海带对光的要求较强，或者所在海区透明度较小，此时可采用空白绳将两根相对应的苗绳连接起来进行平养。垂平轮养克服了海带受光不匀的缺点，但增加了空白绳的用料。

（4）"一条龙"养成法：一般是向水深流大的外海发展海带养殖的一种方式。就是横流设筏子，苗绳沿浮梗平吊，每根吊绳同时挂两根苗绳的一端，使一条筏子上的所有苗绳连成一根与筏梗平行的长苗绳称为"一条龙"养成法。这种养成必须横流设筏，在流的带动下，每棵海带都能被吹起，受到均匀的光照。为避免缠绕，在大流海区筏距不应小于 6 m，在急流海区不应少于 8 m，为了操作方便，分苗绳净长 2 m，两根吊绳距离 1.5 m，这样分苗绳就有了一个适宜的弧度，既不相互缠绕又增加了用苗率。为了稳定分苗绳必

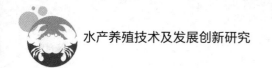

须挂坠石，坠石体积不小于 0.5 kg，挂在吊绳和分苗绳的连接处。

"一条龙"养成法的优点是使海带都能处于适光层，不相互遮掩，生长快、个体大、厚层均匀，收割早。同时由于台挂分苗绳少，负荷轻，较安全，适用于海外浪大急流的海区。它的缺点是增加了筏子的使用量，提高了成本。

5. 养成期的管理

从分苗后到厚层收割前，是海上养成管理阶段。海带养成期间的管理主要包括如下内容。

（1）养殖密度调节。海带的养殖密度主要根据海区情况决定。根据目前的生产管理技术水平，我国北方一般采用净长 2 m 的苗绳，在流速大、含氮量高、透明度稳定的海区，每绳夹苗数 25～30 株，每亩挂 400 绳，亩放苗量 10 000～12 000 株；流速小的海区每绳 30～40 株，亩放苗量 12 000～16 000 株。

（2）水层的调节。养成期水层的调节实际上是调节海带的受光面积。应根据海带孢子体不同生长发育时期对光的要求进行调整。

养成初期，根据海带幼苗不喜强光的习性，分苗后透明度大的海区采取深挂暂养，透明度小的海区采用密挂暂养。

养成中期，随着海带个体的生长，相互间避光、阻流等现象会越来越严重，探水层的海带生长会逐渐缓慢，因此必须及时调整水层。在此期间，北方海区水层一般控制在 50～80 cm，南方一般控制在 40～60 cm，混水区控制在 20～30 cm。同时，养成初期密挂暂养的苗绳，养到一定时间要进行疏散。倒置也是调节海带均匀受光的一项有效措施。倒置次数也与苗绳的长度、夹苗方法、分苗早晚有关。苗绳长、夹苗密度大、完全垂养的情况要倒置 4～6 次；反之，倒置 3～4 次即可。采用平养，若早期垂挂时，倒置 1～2 次，在斜平后倒置 1 次即可。在水深流大的海区采用顺流筏式平养法。采用"一条龙"法养成方式，可以不倒置，一平到底。在整个养殖过程中，根据海水透明度的变化情况，适时调节吊绳、平起绳的长度，或用加减浮力的方法来调整养水层。

养成后期，在水温合适的情况下，光线能促使海带厚度生长。进入养成后期要及时调整水层，增加光照，同时进行间收，把已经成熟的海带间收上来，这样能够改善受光条件，促进厚成。切尖等措施也是改善海带后期受光条件的有效办法。

（3）施肥。我国的海带养殖，在北方海区由于自然含氮量很低，远不能满足海带生长对氮的需要，因而表现出生长速度极为缓慢，碳水化合物含量升高，叶片硬、色淡黄等缺氮的饥饿症状。因此，一般在北方海区都必须施肥或少施肥，才能生产出商品海带。施肥方法主要有挂袋施肥、泼肥和浸肥3种。

（4）切尖。海带孢子体是间生长的藻类，它的分生组织位于叶片基部。随着孢子体的不断生长，分生组织不断从叶基部增长，向梢部推移，表现出藻体的成长，同时梢部逐渐衰老脱落。据计算，收割时全长4 m的海带，在它的全部生长过程中，要有1 m多的叶片从尖端落掉。如果能设法在适当的时候将叶梢切下，就可以减少不必要的损失，增加单位面积产量。切尖可改善光照、流水条件，从而促进干物质的积累，进而使产量增加，质量提高；切尖还能防止病害的发生；减轻筏子的负荷，有利于后期安全生产。切尖的时间，主要是根据分苗早晚、海区条件和海带生长、病害情况来确定。原则上应是在藻体生长日趋下降、叶片尖端病害刚开始时进行切尖。北方一般4月中旬开始，5月上旬结束。

（5）养成期间的其他管理工作。注意安全生产，经常检查筏身与橛缆是否牢固；齐整筏子，使每台筏子的松紧一致，纠缠的苗绳要及时解开；根据海带生长情况，也就是根据筏子的负荷量的增加，逐步添加浮力；检查吊绳是否被磨损，绳扣是否松弛，发现问题要及时处理，如果采用草类绳索做吊绳用，养成中期要更换一次吊绳；在养成过程中要经常洗刷浮泥，以免海带沉积浮泥过多，影响海带的正常生长；在北方冬季海水结冰的海区，要采取有效措施以防流冰的危害。

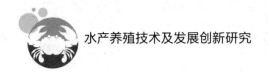

三、紫菜养殖

（一）紫菜培育

紫菜，分类上属于红藻门，红毛菜目，红毛菜科，紫菜属。全世界紫菜属有 70 余种，我国自然生长的紫菜属种类有 10 余种，广泛养殖的经济种类主要有北方地区的条斑紫菜和南方地区的坛紫菜。紫菜的苗种培育主要是进行丝状体的培育，可以利用果孢子钻入贝壳后在大水池中进行贝壳丝状体的平面或者吊挂培养。还可以将果孢子置于人工配制的培养液中，以游离的状态进行丝状体（自由丝状体）培养。

1. 果孢子的采集与处理

（1）培养基质

各种贝壳都可以作为丝状体的生长基质，我国主要用文蛤壳作为紫菜育苗基质，日本、韩国多用小牡蛎壳进行丝状体培育。贝壳应用 1%～2%漂白液浸泡。

（2）采果孢子的时间

紫菜生长发育的最盛时期就是采果孢子的最好时期。但在生产上，为了缩短室内育苗的时间，节省人力物力，采果孢子的时间应适当地推迟。条斑紫菜采果孢子以及丝状体接种的时间，一般在 4 月中旬至 5 月中旬；浙江、福建坛紫菜采果孢子的适宜期为 2—3 月，一般不迟于 4 月上旬。

（3）种菜的选择和处理

最好使用人工选育的紫菜良种进行自由丝状体移植育苗，来培育贝壳丝状体。如果种藻使用野生菜，需选择物种特征明显、个体较大、色泽鲜艳、成熟好、孢子囊多的健壮菜体作为种藻。

采果孢子所用种菜的数量很少，一般 1 m^2 的培养面积用 1 g 左右成熟的阴干种菜，即可满足需要。种菜选好后，应用沉淀海水洗净，单株排放或散放在竹帘上阴干，通常阴干一夜失水 30%～50%即可。

（4）果孢子放散和果孢子水浓度的计算

将阴干的种紫菜放到盛沉淀海水的水缸内（每 1 kg 种菜加水 100 kg）进行放散。在放散的过程中应不断搅拌海水，经常吸取水样检查。当果孢子放散量达到预定要求时，即将种菜捞出，用 4～6 层纱布或 80 目筛绢将孢子水进行过滤并计算出每毫升内的果孢子数，以及每池所需孢子水毫升数。放散过后的种菜还可以继续阴干重复使用。通常第二次放散的果孢子质量比第一次放散的好，萌发率高，而且健壮。

果孢子放散完成后，统计果孢子水的浓度与果孢子总数。根据贝壳数量与每个贝壳上应投放的密度（个/cm^2），计算出每个培养池所需的果孢子水的用量。将果孢子水稀释，用喷壶均匀洒在已排好的贝壳上。条斑紫菜和坛紫菜果孢子的适宜投入密度为 200～300 个/cm^2。

（5）采果孢子的方法

目前采果孢子的方法，结合培育丝状体的方式大体分为平面采果孢子和立体采果孢子两种。平面采果孢子就是将备好的贝壳，凹面向上呈鱼鳞状排列在育苗池内，注入清洁海水 15～20 cm，计算果孢子所需的孢子水数量，量出配制好的果孢子液，并适当加水稀释，装入喷壶，均匀喷洒在采苗池中，使之自然沉降附着在贝壳上即可。

立体吊挂式采果孢子方法要求池深 65～70 cm，采果孢子前先把洗净的贝壳在壳顶打眼，之后将贝壳的凹面向上用尼龙线成对绑串，吊挂在竹竿上。吊挂的深度应保持水面至第一排贝壳有 6 cm 的距离。将采苗用水灌注采苗池至满池，按每池所需的果孢子量，量取果孢子液装入喷壶中，并适当稀释，均匀喷入池内，随即进行搅动，使果孢子均匀分布在水体中，让果孢子自然沉降附着在贝壳面上。

2. 丝状体的培养管理

（1）换水和洗刷

这是丝状体培育期的主要工作。换水对丝状体的生长发育有明显的促进作用，采果孢子 2 周后开始第一次换水，之后 15～20 天换一次水。保持海

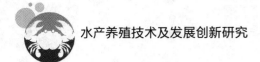

水的适宜盐度为 19～33。

洗刷贝壳一般与换水同时进行，洗刷时要用软毛刷子或用泡沫塑料洗刷，以免损伤壳而破坏藻丝。尤其丝状体贝壳培养到后期，壳面极易磨损，所以更应该注意清洗。坛紫菜的丝状体在培养后期，壳面常常长出绒毛状的膨大藻丝，这时如无特殊情况，就不用再洗刷。洗刷时，要注意轻拿轻放，避免损坏贝壳，并防止贝壳长期干露。

（2）调节光照

丝状体在不同时期，对光照强度和光照时间都有不同的要求，总体上随丝状体生长而光强减弱。在丝状体生长时期（果孢子萌发到形成大量不定型细胞并开始出现个别膨大细胞），日最高光强应控制在 1 500～2 500 lx。挂养丝状体，需要 15～20 天倒置一次以调节上下层光照，使之均匀生长。倒置工作应结合贝壳的洗刷换水时期进行。在膨大藻丝形成时期，生产中条斑紫菜的光照强度可从 1 500 lx 的日最高光强逐渐降低到 7 50 lx 左右，坛紫菜丝状体的光照强度可从 1 000～1 500 lx 的日最高光强逐渐降低到 800～1 000 lx。光照时间以 10～12 h 为宜。在壳孢子形成时期，应将日最高光强进一步减弱到 500～800 lx，每天的光照时间缩短到 8～10 h，以促进壳孢子的形成。

（3）控制水温

目前国内外不论是水池吊挂还是平面培养丝状体，都是利用室内自然水温。但条斑紫菜丝状体不宜超过 28 ℃；坛紫菜丝状体一般控制在 29 ℃以下为宜。当壳孢子大量形成时，如果水温下降较快，应及时关窗保温，避免壳孢子提前放散。

（4）搅拌池水

在室内静止培养丝状体的条件下，搅动池水可以增加海水中的营养盐以及促进气体的交换，在夏季又可以起到调节池内上下水层水温的作用，有利于丝状体的生长发育。因此，每天应搅水数次，促进丝状体对水中营养盐的充分吸收，改善代谢条件。

（5）施肥

在丝状体的培养过程中，应当根据各海区营养盐含量的多少以及丝状体在各个生长发育时期对肥料的需要量，进行合理施肥。丝状体在培养过程中以施氮肥和磷肥为主。前期其用量为氮肥 20 mg/L，磷肥 4 mg/L。后期可不施氮肥，但需增施磷肥至 15～20 mg/L，以促进壳孢子的大量形成。肥料以硝酸钾、磷酸二氢钾的效果最好。

（6）日常管理工作

丝状体培养的好坏，关键在于日常管理。管理人员应及时掌握丝状体的生长情况，采用合理措施，才能培育出好的丝状体。在日常管理工作中，主要有海水的处理、环境条件的测定和丝状体生长情况的观察三项内容。

海水处理：要求海水盐度高于 19，且一般经过 3 天以上的黑暗沉淀。

环境条件的测定：每天早晨 6:00—7:00、下午 2:00—3:00 定时测量育苗池内的水温和育苗室内的气温，调节育苗室的光照强度。

丝状体的检查：丝状体检查可分为肉眼观察和显微镜观察两种。前期主要是用肉眼观察丝状体的萌发率、藻落生长及色泽变化等，例如丝状体发生黄斑病时，壳面上便出现黄色小斑点；有泥红病的壳面出现砖红色的斑块；缺肥表现为灰绿色；光照过强的呈现粉红色，并在池壁和贝壳上生有很多绿藻和蓝藻；条斑紫菜的丝状体，当壳面的颜色由深紫色变为近鸽子灰色、藻丝丛间肉眼可见到棕红色的膨大丝群落时，说明已有大部分藻丝向成熟转化。坛紫菜的丝状体，培养到秋后，生长发育好的壳面呈棕灰色或棕褐色。由于膨大藻丝大量长出壳外，在阳光下看，可以看到一层棕褐色的"绒毛"。如果用手指擦去"绒毛"，可以看到许多赤褐色的斑点，分布在贝壳的表层。

后期加强镜检、观察藻丝生长发育的变化情况。首先要把检查的丝状体贝壳用胡桃钳剪成小块，放入小烧杯中，倒入柏兰尼液（由 10%的硝酸 4 份、95%的酒精 3 份、0.5%的醋酸 3 份配制而成），过数分钟用镊子将藻丝层剥下，放在载玻片上，盖上载玻片，挤压使藻丝均匀地散开，然后在显微镜下观察。观察的主要内容是，丝状藻丝不定型细胞的形态及发育情况，并记录

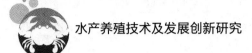

膨大藻丝出现的时间和数量，"双分"（开始形成壳孢子）出现的时间和数量。

生产上为了在采苗时壳孢子能集中而大量放散，需要促进或抑制壳孢子在需要时集中大量放散。一般采用加磷肥、减弱光照和缩短光时及保持适当高温的方法，可促进丝状体成熟；采用降温、换水处理、流水刺激等措施可以促进壳孢子集中大量放散；黑暗处理而不干燥脱水处理及 5 ℃冷藏可抑制壳孢子放散。

3. 自由丝状体的培养

果孢子在含有营养盐的海水溶液中，也可以萌发生长成为丝状体，它同贝壳的丝状体完全一样，形成壳孢子囊，放散大量的壳孢子。而且，这种丝状体还能切碎而后移植于贝壳中生长发育，用于秋后采壳孢子。由于这种丝状体是游离于液体培养基中生活，所以称游离丝状体，也称为自由丝状体。利用自由丝状体进行大规模的采壳孢子生产，对开展紫菜育种研究及降低育苗成本具有非常重要的意义。

（1）自由丝状体生长发育条件

紫菜自由丝状体的适宜培养温度为 10～24 ℃；适宜的光照以 1 000～2 000 lx 为好，光照时间每天为 14 h；pH 为 7.5～8.5 时，适宜果子萌发和早期丝状体的生长。pH 为 8.0 时，果孢子的萌发率最高。在采孢子时，海水中不施加营养盐，采孢子效果较好，而在培养阶段，则需要添加营养盐，尤其是施加氮肥。

（2）紫菜自由丝状体的制备、增殖培养

成熟种藻的选择：具有典型的分类学特征，藻体完整，边缘整齐，无畸形，无病斑，无难以去除的附着物；颜色正常，藻体表面有光泽；个体较大，叶片厚度适宜（条斑紫菜应选用略薄的藻体）；生殖细胞形成区面积不超过藻体的 1/3。种藻经阴干，储存于冰箱备用。

种质丝状体的制备：用于培养丝状体的种藻，在藻体上切取色泽好、镜检无特异附着物的成熟组织片。然后对切块表面进行仔细的洗刷、干燥、冷冻、消毒、海水漂洗，在隔离的环境中培养，培养条件为煮沸海水加氮、磷的简单培养液，15~18 ℃，1 000~2 000 lx，12L：12D。组织片经 20~30 天培养，便可获得合适的球形丝状体。

自由丝状体的贝壳移植：培养好的自由丝状体被充分切碎后，移植在贝壳上能再生长繁殖成贝壳中的丝状体，这种丝状体在秋季同样发育成熟，放散壳孢子，并且由于丝状体在壳层生长较浅，成熟较一致，所以壳孢子放散更集中，有利于采苗。

移植方法：将自由丝状体用切碎机切成 300 μm 左右的菜段，装入喷壶中，并加入新鲜清洁海水。搅匀后喷洒在贝壳上。附着的自由丝状体藻段可以钻进贝壳生长。移植一周后，控制弱光培育，之后恢复正常光照，在半个月左右的时间内就可以见到壳面生长的丝状体。之后与前述的贝壳丝状体进行同样的生产管理即可。

丝状体的采苗：自由丝状体可以用来直接采苗。当秋季形成大量膨胀大细胞后，一般情况下却很少产生"双分"现象。通常每天晚上 6:00 至次日清晨 6:00 连续流水刺激 4 天，在第 5 天可形成壳孢子放散高峰，之后继续形成两次高峰。壳子放散后，即可附着在网帘上，长成紫菜。

4. 紫菜的人工采苗

根据紫菜的秋季壳孢子放散和附着规律，利用秋季自然降温，促使人工培育的成熟丝状体，在预定时间内大量地集中放散壳孢子，并通过人工的控制，按照一定的采苗密度，均匀地附着在人工基质上，实现紫菜的人工采苗。

（1）紫菜壳孢子附着的适宜条件

海水的运动：紫菜壳孢子的密度比海水略重，在静止的情况下便会沉淀池底。在室内人工采苗时必须增设动力条件，使壳孢子从丝状体上放散出来并得以散布均匀，增加与采苗基质接触的机会。水的运动大小直接影响采苗的好坏和附苗的均匀程度，水流越通畅，采苗效果越好。

海水温度：条斑紫菜采壳孢子的适宜温度是 15~20 ℃；坛紫菜采壳孢子的适宜温度是 25~27 ℃。在 20 ℃以下都不利于采苗。

采光照强度：采壳孢子的效果与光照有很大关系。天气晴朗时采壳孢子

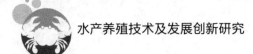

效果比较好，采苗时间也集中，阴雨天采苗效果差。在室内进行采苗，光强至少为 3 000 lx。

海水盐度：壳孢子附着和海水盐度有密切的关系，壳孢子的附着和萌发最适宜的海水盐度为 26～34。

壳孢子附着力：在合适的水温条件下，条斑紫菜壳孢子在离开丝状体 4～5 h 以内仍然可以保持附着的能力，坛紫菜壳孢子附着力可保持相当长的时间，在放散 24 h 内都有附着力。

壳孢子的耐干性：壳孢子离开丝状体后，它的耐干性比较差。壳孢子附着基质的吸水性与壳孢子附着萌发有关。吸水性好的基质，附着率和萌发率都比较高。

（2）紫菜壳孢子采苗前的准备工作

在紫菜全人工采苗栽培的过程中，壳孢子采苗网帘下海和出苗期的海上管理，是既互相衔接又互相交错的两个生产环节。其特点是季节性强、时间短、工作任务繁重，是关系到栽培生产成败的重要时期。因此抓紧、抓早、抓好采苗下海前的准备工作是搞好全年栽培的关键，应及时、及早确定栽培生产计划、采苗基质及安装调试好室内流水式、搅拌式或气泡式人工采苗所使用的机械设备和装置。当前我国南北方紫菜的采苗基质，以维尼纶网制帘为主，也有用棕绳帘作为基质的。维尼纶或棕绳网帘中，含有漂白粉或其他有害物质，在使用前必须进行充分浸泡和洗涤。将网帘织好后放在淡水或海水中浸泡，并搓洗和敲打数遍，每遍都要结合换水，一直洗到水不变混、不起泡沫为止，然后晒干备用，使用前再用清水浸洗一遍。

（3）壳孢子采苗

紫菜壳孢子采苗有室内采苗和室外海面泼孢子水采集两种方法。

① 内采苗

利用成熟的贝壳丝状体在适宜的环境条件下接受刺激（如降温或流水刺激），使壳孢子放散在采苗池中，进行全人工采苗。这样的采苗，人工控制程度大，附着比较均匀，采苗速度快，节约贝壳丝状体的用量，生产稳定，可以提高单位面积产量。

② 海面泼孢子水采苗

海面泼孢子水采苗法就是使成熟的丝状体，经过下海刺激，使之集中大量放散孢子，然后将壳孢子均匀地泼洒在已经架设于浮筏上的附苗器上，以达到人工采苗的目的。

海面泼孢子水采苗所需的采苗设备简单，只要有船只和简单的泼水工具即可，操作也较方便，采苗环境与栽培条件比较一致，是一种易于推广的采苗方法。缺点是采苗时易受到天气条件的限制，附苗密度不能人为地控制，有时也会出现附着不均匀现象，在流速大的海区，孢子流失严重。

（4）网帘下海张挂

紫菜全人工采苗的最后一个步骤，就是把出池网帘张挂到海上。张挂网帘时，要注意拉得紧一些，减少网帘下垂的弧度，并尽可能保持网帘的平整。密挂网帘时更应注意网帘分布均匀，尽量避免过分的相互重叠。因此，网帘必须规格化，浮阀的设置要和网帘的大小相适应。

（二）紫菜的栽培

1. 紫菜的栽培方式

我国紫菜的栽培方式包括菜坛栽培、支柱式栽培、半浮动筏式栽培和全浮动筏式栽培等。

（1）菜坛栽培

菜坛培育是由我国福建省沿海地区的人民创造发明的。方法是，在每年秋季自然界的紫菜壳孢子大量出现以前，先用机械清除或火把烧除等方法铲除潮间带岩礁表面上附生的各种海产动、植物，再向岩礁上洒石灰水 2～3次，以清除岩上的各种比较小的附着生物，为紫菜壳孢子的附着萌发和生长准备好地盘。一般在最后一次泼洒石灰水后不久，岩礁上就可以长出很多紫菜小苗。出苗后还需继续进行护苗和管理，当紫菜长到 10～20 m 时就可进行采收。长满紫菜的岩礁称作紫菜坛。目前，在我国南方的少数地区仍保留

151

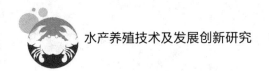

有菜坛栽培紫菜的方式。

（2）支柱式栽培

这种栽培方式是一种潮间带主要的紫菜栽培方式。其方法是在适当的潮间带滩涂上安设成排的木桩或竹竿作为支柱，将长方形的网帘按水平方向挂到支柱上，最初进行紫菜生产的编网帘的材料主要是用棕绳和细竹条，现在绝大部分采用维尼纶等化学纤维编织网帘。

（3）半浮动筏式栽培法

这是一种全新型的栽培方式。它的筏架结构兼有支柱式和全浮动筏式的特点，即整个筏架在涨潮时可以像全浮动筏式那样经常漂浮在水面上。当潮水退落到筏架露出水面时，它又可以借助像支柱式那样的短支腿平稳地架立在海滩上。半浮动筏式和支柱式栽培一样，也是设在潮间带的一定潮位，网帘也是按水平方向张挂。由于网帘在低潮时能够干露，因而硅藻等杂藻类不易生长，对紫菜的早期出苗特别有利，而且生长期较长，紫菜质量好。由于网帘经常漂浮水面，能够接受更多的光照，紫菜生长也比较快。因此，目前半浮动筏式栽培法已经得到了广泛的应用。

（4）全浮动筏式栽培

这种栽培方式适合不干露的浅海区栽培紫菜。它的筏架结构，除了缺少短支腿外，完全和半浮动筏架一样。生产实践表明，对于紫菜叶状体养成是一种很好的栽培方式。尤其在冬季有短期封冻的北方海区，还可以将全浮动筏架沉降到水田以下来度过冰冻期。全浮动筏式栽培的主要缺点是网帘不能及时干露，不利于紫菜叶状体的健康生长以及不能抑制杂藻的繁生。尤其在网帘下海后的 20～30 天内，适当的干露对出苗是非常有必要的。因此，如果网帘的干露问题没有得到解决，就用全浮动筏式栽培进行紫菜育苗，常常得不到好的出苗效果。全浮动筏式栽培还存在着菜体容易老化、叶体上容易附生硅藻、产品质量较差、栽培期较短、单产量也不如半浮动筏式栽培稳定等问题。

2. 紫菜栽培海区的选择

紫菜栽培效果的好坏，常与海区条件有密切关系，因此海区的选择是一个十分重要的问题。

（1）海湾

在东北或东向海湾栽培的坛紫菜生长快、产量高。条斑紫菜栽培一般选择比较温暖、不易结冰的南向海湾为宜。

（2）底质与坡度

底质与坡度对紫菜的生长影响不大，但是与浮筏设置和管理的关系甚为密切。一般认为以泥沙底质或沙泥底质为宜。坡度的大小，直接影响对半浮动筏式栽培面积的利用和浮筏的安全，而对全浮动筏式栽培影响不大。坡度小而平坦的海滩，干出的面积大，潮流的回旋冲击力小，浮筏较安全。

（3）潮位

潮位的选择，只是对半浮动筏式栽培有影响。紫菜是生长在潮间带的海藻，一般潮位高，紫菜生长慢、产量低；潮位低紫菜生长快，但杂藻繁殖也快，对紫菜育苗不利，同时对栽培期间的管理、收割也不便。因此，目前栽培区一般都选择在小潮干潮线附近的潮位上，大小潮平均干露 1.5~5 h，凡是在这个潮位范围内，均可选作半浮动筏式栽培区，而在退潮时不能干露的广大浅海区，则是全浮动筏式栽培的适宜海区。

（4）风浪与潮汐

潮流对紫菜的生长是不可缺少的条件。潮流畅通，能促进水质新鲜，加快紫菜的新陈代谢，延长栽培期；潮流缓慢，浮泥杂藻多，病菌繁殖快，紫菜生长缓慢，且易发病。一般认为，紫菜栽培区海水流速应不小于 10 cm/s。对坛紫菜而言，风浪有利于其生长，因此坛紫菜栽培应该选在常有风浪的海区。

（5）营养盐

对于人工栽培紫菜来说，含有氮、磷等营养盐丰富的天然海区是最理想的栽培海区。在每立方米海水中含氮量超过 100 mg 的海区，紫菜生长好；

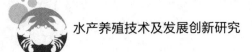

不足 500 mg 或在某一时期内不足 50 mg 时，都会影响其生长和发育，甚至发生绿变病。

此外，还需要重视工业污染问题，栽培区也不宜设在工业污染严重的海区、航道和大型码头附近，以免受船舶油污或船只撞击筏架的影响而造成损失。

3. 紫菜附苗器与筏架的选择

附苗器是紫菜附着生长的人工基质，通常是指设置在浮动筏架上的帘子。常见的帘子有网帘和竹帘两种。北方一般都使用网帘，南方除使用网帘外，在福建沿海个别地区仍沿用竹帘。

浮动筏是用来固定附苗器的一种框架结构。在潮间带栽培用的浮筏称半浮动筏，在潮下带栽培用的浮筏称全浮动筏。半浮动筏由浮缏、橛（锚）缆、浮竹、短支腿和固定基组成。全浮动筏，除了没有短支腿以外，和半浮动筏的结构完全一样。

浮动筏的设置应以利于紫菜生长、利于生产管理、能合理地利用栽培海区、保证筏架的安全为原则，浮动筏的走向应根据海区的主要风浪方向而定。一般主要与风浪方向平行，或呈一个比较小的角度。如果横着风浪方向设置，浮动筏很容易被风浪打翻，设置半浮动筏式更需要注意。在一些海区，海水流速很快，浮动筏就应顺着海水流动的方向设置。

在大面积紫菜栽培生产时，为了使潮流通畅，必须对紫菜筏架进行合理的设置和排列，在当前栽培生产中，为了便于生产管理和操作，北方地区筏距一般定为 4～5 m，帘距 0.5 m，每排浮动筏之间的距离为 20 m 左右。南方海区的筏距较北方宽些，一般为 6～8 m。

4. 紫菜出苗期的栽培

从紫菜采苗下海到网帘上全部为 1～3 cm 长的紫菜所覆盖的称为全苗。由采苗到全苗这一时期称为紫菜的出苗期。为保证紫菜栽培的产量，出苗期管理工作尤为重要。

出苗期的栽培方式中，目前以半浮动筏式栽培紫菜出苗效果最好、最稳定。而在管理工作中，清洗浮泥和杂藻是苗网管理阶段的主要工作内容，洗刷浮泥应在采苗下海后立即进行。一般每 1～2 天洗刷一次，直到网帘上肉眼明显地见到苗为止。洗刷的方法是将网帘提到水面后用手摆洗，也可用小型水泵冲洗。洗刷时应细心操作，避免幼苗大量脱落。

在出苗期间，网帘上很快就会繁生各种杂藻，杂藻的多少及其种类与海区自然条件、网帘张挂的潮位和下海的日期有密切的关系。紫菜的耐干性较其他藻类强得多，因此可以利用这个特性来暴晒网帘，达到抑制杂藻的目的。晒网是在出苗阶段清除网帘上的杂藻十分有效的措施。晒网应在晴天进行，将网帘解下，移到沙滩或平地上暴晒，也可以挂起来晾晒。掌握晒网的基本原则是要把网帘晒到完全干燥，可根据手感判断，但还需根据紫菜苗的大小情况进行不同的对待。近年来，晒网常与进库冷藏处理结合在一起，即晒网后直接进库冷藏，待海况改善后再继续下海进行出苗期的培养。

5. 紫菜的冷藏网技术

当紫菜幼苗长到 2～3 cm 时，其生长会非常旺盛。这时如果遇到夜晚高温、多雨等不利的环境，便会引起生理障碍，严重时会发生"白腐病"；轻微时健壮度下降，易使"赤腐病"蔓延。如果遇到这种情况，需要将紫菜网送到冷藏库里保存。等到气候稳定，水温降到不易发生病害的程度时，再把紫菜网张挂在栽培海区进行栽培。

正常情况下，紫菜的细胞一旦遇到低温结冰，就会在冰的机械破坏作用之下受到冻伤，或者冻死。紫菜细胞的含水量越高，细胞受到破坏程度越大，因此，成活率就会越低。如果紫菜经过干燥之后，含水量减少，细胞液的浓度增大，其冰点下降，那么在相当的低温条件下也不至于结冰，因此紫菜就不会死亡。紫菜在不同含水量与温度下的成活率不同，在冷藏前含水率必须降低到 20%～40%。紫菜冷藏网技术的要点如下：（1）冷藏网的幼苗长达 1 cm 左右，镜检幼苗数量达 500～1 000 株/cm 网绳时，是苗帘网进冷藏库的最适宜时机。（2）条斑紫菜 4～5 cm 叶状体适宜冷藏的含水量为 10%～20%。（3）将干燥后的网帘装入耐低温的聚乙烯袋里，压出空气、扎口密封，再装入纸箱或木箱内，冷冻和冷藏效果最好。（4）若紫菜含水率为 20%，冷藏

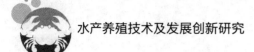
温度为 -20～-15 ℃时苗网是安全的。(5)苗帘网出冷库张挂时间为 11 月中旬至下旬。过早出库时仍易发生病害；过晚出库则会影响前期养殖产量。出库后的冷藏网应尽快下海张挂，使网帘尽快浸泡于海水中，然后再做挂网操作，以有效提高紫菜幼苗成活率。

6. 紫菜的成菜期的栽培

当紫菜网帘被 1～3 cm 的紫菜幼苗所拟盖后，进入成菜期的栽培。成菜期的管理工作主要是施肥。紫菜叶状体的色泽，能十分灵敏地反映出外界海水的营养盐是否充足。施肥一般情况下主要是补充氮肥。施肥方法可根据情况选择喷洒法、挂袋法和浸泡法。

四、江蓠的养殖

江蓠属于红藻门，真红藻纲，杉藻目，江蓠科。江蓠也是一种重要的经济海藻，是制作琼胶的主要原料，也是提取琼胶素的优质原料。江蓠体内的琼胶含量可达 30%～40%。

我国的江蓠养殖开始于 20 世纪 60 年代。进入 90 年代以后，养殖技术得到发展，江蓠养殖开始推广，在我国南部沿海地区，江蓠成为海藻养殖中一项重要的产业。江蓠的种类很多，全世界有江蓠 100 余种，我国有 20 余种，目前已进行生产性培育的种类有 6 种：真江蓠、细基江蓠、粗江蓠、脆江蓠、绳江蓠、节江蓠。

（一）江蓠的苗种培育

目前进行江蓠人工栽培生产，因不同种类的生物学特性差异，苗种培育具有孢子繁殖和营养繁殖两种方式。第一种方式是通过孢子繁育苗种，如真江蓠、芋根江蓠等；第二种方式是以营养繁殖提供苗种，如龙须菜和细基江蓠繁枝变型。

1. 孢子生殖育苗

江蓠的成熟藻体产生果孢子和四分孢子，两类孢子都能发育成新的江蓠藻体。利用江蓠这种特性，在短时间内大量采集这两类孢子，培育成幼苗，移至滩涂或者池塘中进行栽培，直到长至商品藻体。采用藻体孢子繁殖提供苗种的缺点是，繁殖和孢子生长发育速度较慢，难以在短时间内提供足够的苗种，苗种成本较高。江蓠的采孢子育苗工作，目前已经形成了自然海区采孢子育苗和室内采孢子育苗两种育苗方式。

2. **营养生殖育苗**

以龙须菜和细基江蓠繁枝变型为代表的江蓠种类，在生活史中能够产生四分孢子和果孢子，由于在人工培养条件下不能集中放散孢子，或者说不能在短时间内收集孢子，因此，这些江蓠种类的育苗方式主要通过营养繁殖育苗来完成。采用藻体营养繁殖苗种的优点是：用藻体的分枝切段繁殖进行扩增生物量，不经过有性繁殖过程，不易发生遗传变异，可以较好地保持栽培品种优良性状的稳定性。

（二）江蓠的栽培

江蓠的栽培方式可分为潮间带整畦撒苗栽培、潮间带网帘夹苗栽培、浅海浮筏栽培、池塘撒苗养殖和池塘夹苗养殖 5 种。

1. **江蓠的撒苗栽培**

潮间带整畦撒苗栽培。具体做法是将浅滩加以适当整理，除去杂藻，然后把江蓠 5～6 cm 幼苗连同原生长基，如石块、贝壳等整齐地播撒在浅滩上。撒苗时，每个生长基间的距离为 30～40 cm，排成菜畦状，管理较方便。经过 2～3 个月的栽培，可得到 1 m 左右的江蓠藻体。在北方一般长到六七月就可以收获了。

2. **江蓠的夹苗栽培**

潮间带网（条）帘夹苗栽培是选择在平坦的内湾浅滩内，把野生或者人工培育的江蓠苗种均匀地夹在浮筏的苗绳上进行养殖一种方法。这种夹苗养成方法的最大优点是海水上涨的时候，藻体漂在水面，江蓠可以充分吸收阳光，海水退下后，藻体便贴在浅滩上，江蓠可以吸收浅滩上的积水，不会干

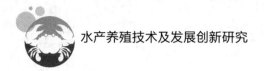
枯死亡。

3. 浅海浮筏栽培

浅海浮筏栽培是采用双架式浮筏结构开展江蓠栽培，或江蓠与牡蛎、鲍鱼等贝类立体生态养殖。

4. 池塘撒苗养成

该方法是将江蓠幼苗或成体（可切成小段）均匀地撒在池塘中，让它自然生长。当江蓠长满塘底时，便可采收一部分，留下的部分让它继续生长。这样江蓠可以不断生长，不断收获。池塘撒苗养成过程中的管理工作，最主要的是要经常观察江蓠的生长情况，如藻体的颜色变化、海水的盐度及光照强度的调整、杂藻的清除、海水 pH 的控制、池塘换水及水深的控制等。在正常情况下，经过 30～40 天即可进行第一次收获，并保留一定数量的种苗，继续栽培。之后每月采收一次。

5. 池塘夹苗养成

该方法是选择池塘的最深处（0.8～1.2 m），在江蓠开始迅速生长的时期将之夹在苗绳上，吊挂在池塘中养成。具体做法是选取藻体比较粗壮的江蓠做种苗，清除杂藻，按每束 3～5 支为一丛，夹在苗绳上，每丛间距为 30 cm，然后以每行 50～70 cm 的行距投入到池塘中。两端用木桩将苗绳拉紧并固定在水面下 5～8 cm。养成期间，江蓠始终浸没在水中。

第四节　虾类养殖技术

一、克氏原螯虾养殖技术

（一）克氏原螯虾的生物学特性

克氏原螯虾俗称小龙虾，身体由头胸部和腹部共 20 节组成。头胸部由头部和胸部愈合而成，共 13 节，其中，头部 5 节，胸部 8 节。腹部共有 7

节，其中，第 6 节附肢与后端扁平尾节组成尾扇。除尾节外，共有 19 对附肢。胸足 5 对，第一对呈螯状，粗大。第二、第三对呈钳状，后两对呈爪状。体表具坚硬甲壳，成熟个体暗红色或深红色，未成熟个体淡褐色、黄褐色、红褐色不等，有时还见蓝色。

克氏原螯虾广泛分布于各类水体，其适温范围为 0～37 ℃，最适生长温度为 18～28 ℃。

克氏原螯虾为杂食性动物，偏喜动物性饲料，但以摄食有机碎屑为主，对各种谷物、饼类、蔬菜、陆生牧草、水体中的水生植物、着生藻类、浮游动物、水生昆虫、小型底栖动物及动物尸体均能摄食，对人工配合饲料也喜摄食。有贪食特点。在天然水体中，一般没有捕食活鱼苗、活鱼种的能力，但能捕食鱼类病残体，其食物组成中植物成分占 98% 以上。

克氏原螯虾与其他甲壳动物一样，需要蜕掉体表甲壳才能完成突变性生长，生长和蜕壳与水温、营养及个体发育阶段密切相关，水温适宜、食物充足、发育阶段早，蜕皮间隔时间短。从幼体到性成熟，一般要进行 11 次以上的蜕皮。最大个体全长可达 15.3 cm，体重达 119.9 g。

克氏原螯虾隔年性成熟，为一年一次产卵类型，如 9 月份离开母体的幼虾到第二年七八月即可性成熟产卵。繁殖季节一般在 5—9 月，雄虾第一、第二腹足演变成白色、钙质的管状交接器，螯足粗大；雌虾第一腹足退化，第二腹足呈羽状，螯足较小。雄虾的生殖孔开口在第五对胸足基部；雌虾的生殖孔开口在第三对胸足基部。雌雄交配后，雌虾短则一周，长则月余即可产卵。从产卵、孵出到仔虾离开母体时间为 30～40 天。但如果水温太低，受精卵的孵化可能需要数月之久。

（二）克氏原螯虾的苗种培育

克氏原螯虾苗种培育，可采用池塘培育或稻田培育。

1. 池塘培育

水深：应随幼虾的生长逐渐加深，即由 0.3～0.5 m 逐渐加深到 0.6～

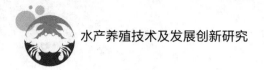

1.0 m。

肥水：仔虾投放前7天，应在培育池施经发酵腐熟后的牛粪、鸡粪、猪粪等农家肥，每亩用量100～150 kg，培育仔虾适口天然饵料生物。

放养：每亩培育池投放体长0.8 cm的仔虾8万～10万尾。宜在晴天清晨或阴雨天投放，避免阳光直晒。

饲养管理：仔虾放养后的第一周泼洒豆浆投喂，每天三四次。每万尾仔虾1天需用黄豆0.25～0.40 kg，一周后改喂动物性饲料为主，辅以植物性饲料。日投喂量为仔虾总重的5%～8%，早晚各1次。具体投喂量根据天气、水质和摄食情况灵活掌握。

仔虾培育过程中，池水以淡褐色或嫩蓝绿色为宜。水质变化时，要及时追施发酵腐熟的农家肥，每亩用量50～75 kg。如果有条件，每隔7～10天换掉1/3的池水，注意换水温差不超过5 ℃。每10天左右，泼洒1次生石灰水，以改善水质。经过一个月时间的强化培育后，转入商品虾养殖。

2. 稻田培育

稻田选择和田间工程建设同虾稻共作技术。种虾投放可分为两种模式。幼虾模式：4月初前后，每亩投放3～4 cm幼虾1万只左右，5月前后开始商品虾捕捞，6—8月进行留种、保种。亲虾模式：8月底前，每亩投放35 g以上的亲虾25～30 kg，雌雄比例为（2～3）：1。

（1）日常主要管理

一是留种和保种。5月底，当商品虾日捕捞量低于1.2 kg/亩时，即停止捕捞，剩余虾用来培育亲虾。6—8月水稻生长期间或晒田时，保持环沟内水草充足，水位稳定。二是饲料投喂。6—8月，适量投喂玉米和青饲料，8月后，适量补充动物性饲料以满足种虾性腺发育。

（2）繁育期间管理

一般9月后开始虾苗繁殖和培育工作。一是做好水草管理和水位控制。环沟水草保持覆盖率50%左右，过多或过少都要及时进行割除或补充。稻谷收割前，排出田面余水，保持环沟内50～70 cm水深；稻谷收割后的10～15

天，待田面长出青草后开始向稻田灌水，随后草长水涨。一般在 11 月之前，水位控制在田面上 30 cm 左右。11—12 月，水位控制在田面上 40 cm 左右。翌年 1—2 月，水位控制在田面上 50 cm 左右。二是做好饲养投喂和水质培育。10 月份稻田内有大量幼虾孵出，可亩施发酵腐熟的有机肥 100～200 kg 培育天然饵料生物，当天然饵料不足时，可适量补充绞碎的螺蚌肉等动物性饵料。三是做好越冬管理。12 月水温低于 12 ℃时要停止施肥和投饵，翌年 3 月前后水温达到 12 ℃时再开始投饵以加快幼虾的生长，具体投饵量根据天气和虾的摄食情况调整。

（三）克氏原螯虾的成虾养殖

1. 池塘养殖

（1）养殖条件

池塘以长方形为好，要水源充足，保水性好，水位易调控，底质以壤土为好。池面积 5～10 亩，池深 1.5～2.0 m，保水深度 0.8～1.2 m。池埂面宽 2～3 m，坡度 1：3 左右。埂内侧留出宽 0.8～1.0 m 的平台，供克氏原螯虾掘穴。池底向出水口倾斜，利于排水和捕捞。建好注、排水口，并用塑料薄膜或钙塑板，沿池埂四周用竹桩或木桩支撑围起高 0.5 m 的防逃墙，防逃墙或防逃板要求内壁光滑。池中留 2～3 个高出水面的 5～10 cm 的土堆，土堆面积为池塘面积的 2%～5%，供克氏原螯虾掘洞和栖息。

（2）放养前准备

池塘消毒与施足基肥：苗种放养前 20～30 天，排干池水，清除过多淤泥，整修池埂。放养前 7～10 天，亩池塘用生石灰 70～80 kg 或漂白粉 7～10 kg 等清塘消毒、杀灭野杂鱼。亩施入腐熟畜禽粪 500～800 kg 以培肥水质。清池 10 天后注入约 0.8 m 深的清新淡水。

移植水草：池边和池中土堆栽培挺水植物（茭白、芦苇等）；池中移植沉水植物（伊乐藻、马来眼子菜、轮叶黑藻等），沉水植物占池底面积的 60% 左右；水面上移入占水面积 20% 左右的漂浮植物（浮萍、水葫芦），且固定。

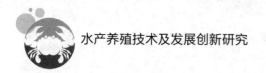

同时，放入供虾攀缘栖息的隐蔽物，如树枝、树根、竹筒等，为小龙虾提供栖息、蜕壳、隐蔽的场所。

（3）苗种放养

苗种放养分为三种模式，下面以成活率 60%～90%，亩产量 400～500 kg 模式为例，实际养殖可根据目标产量作适当增减。① 虾苗。7 月中下旬，放养当年繁殖的第一批稚虾，规格为 0.8 cm 以上，亩放养 2 万～2.5 万尾。② 虾种。8 月中旬至 9 月，放养当年培育的大规格虾种，规格 1.2 cm 左右，亩放养 1.8 万～2 万尾；规格 2.5～3 cm，亩放养 1.5 万～1.8 万尾。③ 幼虾。一般是 12 月或翌年 3—4 月放养，收集当年不符合上市规格或放养规格的幼虾（每千克 100～200 只），亩放养量 1.5 万～2 万尾。

注意事项：① 同一池塘放养的虾苗虾种规格要一致，一次性放足。② 体质健壮，附肢齐全，无病无伤，生命力强。③ 冬季放养选择在晴天上午进行，夏季和秋季放养选择在晴天早晨或阴雨天进行，避免阳光暴晒。④ 亩混养鲢、鳙夏花鱼种 50～100 尾调节水质，禁止有吃食性或肉食性的鱼类进入池塘。

（4）饲料投喂

稚虾、幼虾池要施足基肥，适时追肥，同时辅以人工投喂。稚幼虾投放 5～7 天后，每亩施放发酵畜禽粪 50～60 kg，6 月下旬至 8 月中旬施入有机肥，以培养大量轮虫、枝角类、桡足类以及水生昆虫幼体，供稚虾和虾种捕食。施肥数量和次数根据池塘水色和透明度确定，以透明度 30～40 cm、水色呈豆绿色或茶褐色为宜。池水不宜过肥，否则容易缺氧浮头。

成虾阶段直接投喂绞碎的米糠、豆饼、麸皮、杂鱼、螺蚌肉、蚕蛹、蚯蚓、屠宰场下脚料以及嫩的青绿饲料、南瓜、山芋、瓜皮或配合饲料等。日投饲量为虾体重的 3%～8%，其中，鲜活饵料 6%～10%；干饲料或配合饲料 2%～4%。6—9 月，水温适宜，虾处于生长旺期，上、下午各投喂 1 次，下午投喂量占全天投喂量 70%。其余月份每天日落前后投喂 1 次，投饲量占虾体重的 1%～3%。整个投喂期间，要根据季节、天气、水质、虾的摄食状况随时作出调整。

（5）日常管理

① 巡池检查

坚持每天早晚巡池，观测水质变化、摄食活动状况，做好饵料投喂量的调整；经常清理养殖环境，发现异常要及时采取对策。

② 水质管理

养殖期内，池塘水位不要太深，也不要忽高忽低，一般保持水深 1 m 左右，高温季节和越冬期间可适当加深水位。保持水体透明度 40 cm 左右。每15～20 天换掉 1/3 池水 1 次。每 20 天亩用 10 kg 生石灰化水泼洒 1 次。

③ 池塘管理

虾池中始终保有较多水生植物，虾大批蜕壳时严禁外来干扰，蜕壳后增喂优质进口饲料，以防虾之间互残或促进生长。

④ 防逃

进出水口用网布拦住，汛期加强检查，严防出现逃虾的情况。

2. 稻田养殖

因低湖田或冷浸田一年只种植一季中稻，即在 9—10 月稻谷收割后，稻田空闲到翌年 6 月份。若采用中稻和克氏原螯虾轮作和共作，在不影响中稻产量的前提下，每亩可收获克氏原螯虾 150～200 kg，有十分可观的经济效益。现将这种养殖方式介绍如下。

（1）稻田条件与准备

稻田面积宜大，面积越大成本越低，几十亩至上百亩均可。与单纯种稻相比，要求田埂较高，能关住 40～60 cm 的水深。田埂内沿四周要开挖宽 2.5～3.0 m，深 0.8 m 的环沟，对于面积较大的田，中间还可开挖宽 0.5～1 m、深0.5 m 的"十"字形或"井"字形中间沟。其他准备与前述池塘养虾基本相同。

（2）克氏原螯虾放养

① 放养亲虾

每年 7—8 月，即中稻收割前的 1～2 个月，往稻田水沟中投放经挑选的克氏原螯虾亲虾。每亩投放量 12～15 kg，雌雄比例 3∶1。投放后不必投喂，亲虾可自行摄食稻田中的有机碎屑、浮游动物、水生昆虫、周丛生物及水草。

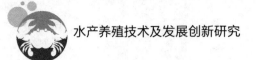

稻田中的排水、晒田、割谷照常进行。中稻收割后，随即加深水沟的水位，并施放腐熟的有机草粪肥，以培肥水质。待发现有幼虾活动时，可用地笼捕走大虾。

② 放抱卵虾模式

9 月前后，往稻田中投放抱卵虾。投放量为每亩 15～20 kg。投放后，管理同放养亲虾。不同的是：因此时水稻处于接近收割、虾卵处于孵化的时期，故水沟需要及时投施一些牛粪、猪粪、鸡粪等腐熟的农家肥，以培肥水质。

③ 养幼虾

水稻收割完，在稻田中建造若干深 20 cm 左右的人工洞穴，灌水后亩稻田施放 250～300 kg 腐熟农家肥，肥料要施放均匀并没于水下。随后放养刚离开母体的稚虾 2 万～3 万尾。在天然饵料生物不丰富时，可适当投喂一些鱼肉糜、动物屠宰场和食品加工厂的下脚料等，也可人工捞取枝角类、桡足类投喂。

实行上述三种放养模式，在整个秋冬季期间，投肥、投草、培肥水质是稻田管理重点。当水温高于 15 ℃时，一般要求每 15 天左右投放水草和腐熟农家草粪肥各 1 次，当天然饵料生物不足时，要适当加投鱼糜、螺蚌肉等人工饲料。水温低于 15 ℃或克氏原螯虾进入洞穴越冬时，可以不投喂。3 月水温升高后，要接着加强投草、投肥，培养丰富的饵料生物，一般每 15 天亩投 50～100 kg 水草，50～100 kg 发酵猪牛粪各 1 次。有条件还可适当添加人工饲料，如人工配合料、饼粕、谷粉等，养殖前期亩投量在 500 g 左右，养殖中后期亩投量 1.0～1.5 kg，以加快螯虾的生长。

（3）田间管理

水位管理。稻谷收割后至翌年 3 月份，水位管理要遵循"浅—深—浅—深"的原则。即稻谷收割后到越冬前水位要浅，保持水深 20～30 cm；越冬期间保持水深 30～40 cm；3—4 月保持水深 20～30 cm；4—5 月保持水深 30～40 cm。

晒田。要轻烤，且时间要短。晒田时，田水不要完全排干，只需将水位降到田面露出即可，若发现环沟的克氏原螯虾有异常反应，应立即注水。

稻田施肥。将基肥在插秧前 1 次施入耕作层内，以施腐熟有机肥为主，达到肥力持久长效的效果。追肥一般每月 1 次，每亩用尿素 5 kg、复合肥 10 kg，或用人畜粪堆制的有机肥。严禁施用氨水和碳酸氢铵等对克氏原螯虾有害的化肥。追肥时，最好先排浅田水，让虾集中到环沟和田间沟中再施肥，让化肥沉积于底层田泥中，这样可以迅速被田泥和水稻吸收。

水稻施药。克氏原螯虾对许多农药敏感，养虾稻田原则是少用药，确需用药时，要选用高效低毒农药及生物制剂。施农药时要注意严格把握农药安全使用浓度，确保虾的安全。严禁使用含菊酯类杀虫剂，避免对克氏原螯虾造成危害。

3. 成虾捕捞

克氏原螯虾生长速度较快，经过 2～3 个月饲养，规格达到 35 g 以上时，即可捕捞上市。捕捞工具有虾笼、地笼网、手抄网、虾罾等，也可拉网捕捞或干池捕捉。

池塘捕捞：捕捞时间从 4 月中旬开始，到 10 月中下旬结束，主要集中在 4—6 月。捕捞方法除常见的地笼捕捞、拉网捕捞外，也可采取冲水捕捞、饲料诱捕等方法。

稻田捕捞：3 月中旬至 7 月中旬，用虾笼、地笼网起捕，效果较好。不同大小网目的虾笼能捕捉不同规格的虾。收获时，捕虾者只需从水中提出虾笼将虾倒入容器即可。捕捞应采取捕大留小的方法，达不到上市规格的应留田继续饲养。需要注意的是，成虾捕捞前，池塘和稻田的防病治病情况要慎用药物，以免影响成虾回捕率。同时，药物残留也会对商品虾质量造成不利影响，影响市场销售和养殖效益。

二、澳洲红螯螯虾养殖技术

（一）红螯螯虾生物学特性

1. 红螯螯虾的形态特征

红螯螯虾整个躯体由体表被覆几丁质甲壳的头胸部和腹部组成，全身有

20 节，头胸部 13 节。头胸甲保护着内脏器官，头胸甲前有一向前延伸的额剑，两边各有 3～4 个棘。头胸甲背部有 4 条沿身体纵轴方向排列的脊。双眼有柄突起。头胸部有 5 对步足，第 1 对为粗壮的大螯，雄性的大螯在外侧有一膜质鲜红美丽的斑块，第 2、第 3 对步足为螯状，第 4、第 5 对步足为爪状。腹部有 7 节，虽披覆甲壳，但节间关联处有纤维膜相连，可灵活运动。腹部第 2 节至第 5 节下面都有 1 对附肢，称为腹足或游泳足。腹部第 6 节附肢向后伸展，加宽称尾足，并与尾节组成尾扇，是螯虾快速运动的器官。在头胸部的前端还有 3 对触角，1 对大触角，2 对小触角。

2. 红螯螯虾的生活习性

红螯螯虾为杂食性动物。在天然条件下，主要摄食有机碎屑，着生藻类，丝状藻类，水生植物的根、叶及碎片。特别喜食汁多肥嫩的绿色植物，如水浮莲、水葫芦、马来眼子菜、青萍、苦草等。动物性食物喜食如水丝蚓及水生昆虫的卵等。红螯螯虾白天潜伏在水体中隐蔽的地方，傍晚和黎明前出来觅食，喜夜晚活动，营底栖爬行生活。常在砖、瓦、砾石的间隙中爬行或潜伏在池塘的天然洞穴及人工洞穴中，在较软的池底中具有掘穴的能力。有时亦沿池壁上爬或攀伏于水生植物的根和密叶中。

红螯螯虾的成虾有较强的耐低溶氧能力，水中溶氧含量为 1 mg/L 时仍能生存，在潮湿状态下，也能存活较长时间，故能长途运输。幼虾和抱卵亲虾则不宜饲养在低溶氧的水体中，易导致幼虾和卵胚胎的死亡。饲养抱卵亲虾和幼虾的水体，溶氧量一般不要低于 4 mg/L。

红螯螯虾存活温度范围在 5～35 ℃，适宜生长温度为 13～28 ℃。当水温超过 13 ℃即开始摄食，水温超过 30 ℃，则会抑制生长。当温度下降至 9 ℃时，幼体难以存活，而成虾短暂成活后还会引起死亡。越冬期间的水温要求控制在 16～18 ℃，pH 为 7.0～8.0。

3. 红螯螯虾的生殖习性

红螯螯虾一年一般可抱卵两三次，繁殖期为 5—10 月，盛产期为 6—8 月。产卵期最主要的影响因素是水温。在水温下降至 20 ℃以下则不见有产卵现象,当水温由 20 ℃向上时则逐渐发生交配、产卵现象。红螯螯虾一般在 6～12 月龄就达性成熟。红螯螯虾繁殖时间较长,从 4 月开始,可延至 10 月结束。繁殖适宜温度为 22～33 ℃,最适水温为 28～30 ℃。

(二)红螯螯虾的苗种培育

红螯螯虾苗通常采用水泥池培育。水泥池大小一般以 50～300 m² 为宜,蓄水深 1 m,要求进排水方便。同时在池底部和水面放置隐蔽物,占池底和水面的 1/4～1/3,以增加虾苗有效栖息面积。

1. 放苗的密度

放养密度每平方米不超过 1 000 尾为宜,适当稀养与及时分池有利于提高成活率。当幼体长到 3 cm,体重 1 g 左右时,即可转入池塘进行成虾养殖。

2. 饵料的投喂

育苗开始的前 3 天,可用蒸蛋加鱼肉浆四边泼洒喂养仔虾,逐步替换用粗蛋白含量 44%～46%的虾用开口饵料和卤虫投喂。日投饵 3～5 次,投饵量为存池虾体重的 15%～20%;当仔虾长到 2 cm 以上时即可投喂颗粒饵料,日投饵两三次,投饵量为存池虾体重的 15%;当仔虾长到 2 cm 以上时投喂鱼虾用配合饵料,日投喂量为虾体重的 3%～10%,投喂分早晚 2 次,由于虾苗摄食习性一般是在傍晚及夜间靠池边觅食,所以傍晚投喂应占总量的 2/3 左右。投喂采取定点与池边泼洒相结合的方式,投喂量要根据水温、摄食、生长情况适当增减。

(三)红螯螯虾的成虾养殖

由于红螯螯虾受越冬条件限制,为了及时上市捕捞,目前主要以小面积池塘养殖为主。

1. 养殖池塘的选择

池塘应选择水源充沛、排灌方便,交通、电力通畅的地方,面积一般以 2 000～5 000 m² 为宜,水深 1.5～2 m。淤泥不超过 10 cm。

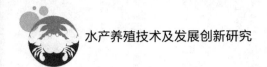

2. 养殖池塘的清理

清塘工作是红螯螯虾养成前需要做的准备工作。清塘工作的好坏直接影响虾的成活率和养殖产量。放养虾苗前 10～15 天，将池塘水加至 10 cm 左右，每亩池塘用漂白粉 10～15 kg 或生石灰 75～100 kg 进行清塘消毒。2 天后加注新水至 50 cm，注入新水时，要认真做好过滤工作，以防野杂鱼及鱼卵随水入池。进水后，每 1 000 m² 池塘施放有机肥 100～150 kg，培育浮游生物，为虾苗入池提供饵料。

3. 水草饲料的种植

由于红螯螯虾的食性杂，尽管偏动物性，但水草也是它喜欢的饲料，在动物性饲料不足的情况下主要吃食水草。水草同时也是虾隐蔽、栖息和蜕壳的理想场所。水草多的池塘养虾成活率高。

4. 红螯螯虾的虾苗放养

虾苗放养之前要经过试水。试水时，用桶盛池水，放入几只虾苗，经 4 h 观察，虾苗活动状况正常后，证实池水毒性消失，方可将虾苗放入池塘。虾苗放养密度要根据计划产量、成虾规格和预计成活率推算，一般计划每亩单产 200 kg 的池塘需放 3 cm 虾苗 3 500～5 000 只。

5. 红螯螯虾的饲料投喂

早期投喂的次数为两次，生长后期再增加 1 次。整个养殖期饲料投喂量要根据水温作出适当调整，前期的 5—6 月由于水温低、摄食弱，约按池塘虾总体重的 6%左右投喂，中期的 7—9 月水温高，摄食旺盛，按体重 10%左右投喂，之后随水温降低，投饵率也随之下降，按体重 3%左右投喂。投喂时间一般是 8:00、17:00 和 20:00，上午投喂量为日投喂总量的 30%，晚上投喂量为总投量的 70%。晚上追加投喂动物性饲料如贝壳或小杂鱼等。坚持"四定"投饵原则进行饲喂管理。

6. 防止红螯螯虾逃跑

在极端的环境条件如水质恶劣、溶氧不足等情况下，有少量的红螯螯虾会爬到堤埂上，无论在越冬期间还是在高温傍晚都会出现这种情况。在养殖过程中，通常在虾塘四周围 30～40 cm 高的网、塑料布、防逃专用板。

7. 红螯螯虾的池塘管理

成虾养殖主要管理工作是饲料投喂、增氧注水、整修塘堤、防漏、防逃及观测气温、水温和对虾的生长情况的检查。

8. 红螯螯虾的水质管理

保持池塘水质肥、活、爽。每隔半月左右加注新水 1 次，每次注水 15 cm，促进幼虾脱壳生长，到 7 月下旬水位应保持在 1.2～1.5 m。正常情况下，红螯螯虾在傍晚及夜间靠近池边活动觅食，如发现到红螯螯虾在白天（特别是早晨）向池边爬行，应及时加水或换水，否则会引起虾的死亡。

9. 红螯螯虾的成虾捕捞

经过 150～180 天的养殖，每只虾体重可达到 75～200 g（50 g 以上即可上市）。起捕螯虾的捕捞方法有虾笼诱捕和干塘捕捞两种。当水温降到 18 ℃以下时，不准备越冬的成虾池就可以干塘收捕。将塘水排干，然后下塘收虾即可。干塘过程中要注意在出水口设张网收集随水流而下的虾群。平时少量捕捞，可用虾笼诱捕，虾笼用网线织成，网目大小为 2 cm 左右。诱捕时把诱饵放入虾笼内，然后沉入池塘，即时起笼收虾。

10. 红螯螯虾的成虾运输

由于红螯螯虾成虾离水的忍耐力强，一般常采用干运法，运输时间在 5 h 之内，成活率可达 95% 以上。

三、青虾养殖技术

（一）青虾的生物学特性

1. 青虾的形态特征

青虾体色青蓝，半透明，故名青虾。青虾的体色常随栖息环境而变化。

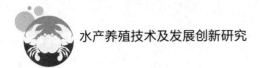

身体可分为头胸部和腹部两部分。

2. 青虾的生活习性

（1）栖息与活动

青虾分布在各类淡水水域中，喜在水底或水草上栖息或爬行。青虾避强光，夜间出来寻食。在人工饲养条件下，白天也会出来摄食。

（2）环境条件

青虾在淡水、低盐度水和硬度较高的水中均能生存。但必须水净氧足，水质指标符合渔业上的要求，酸性水质对青虾的生长不利。

水温与代谢活动和摄食强度密切相关。在 10 ℃以上时青虾开始摄食，当水温升至 32 ℃时摄食量不再增加，产卵盛期的水温为 26～30 ℃。青虾不耐低氧环境，成体雌虾的窒息点为 1.12 mg/L，均高于我国主要养殖鱼类。成虾有避光性，而幼体有较强的趋光性。在成虾池中应设置适量的水生植物和人工虾巢。

（3）食性

青虾为杂食性水生动物，幼体主要摄食浮游动物；幼虾以底栖藻类、枝角类、桡足类、小型水生昆虫和有机碎屑为食；成虾则以植物碎片、有机碎屑、丝状藻类、固着硅藻、底栖小型无脊椎动物、水生昆虫及动物尸体为食。在人工饲养条件下，青虾也可摄食商品饲料。

3. 青虾的生活史

青虾的个体发育分为 4 个发育时期：胚胎发育时期、幼体发育时期、幼虾发育时期、成虾发育时期。青虾的寿命一般只有 1 年有余，而且雄虾比雌虾先死。青虾是淡水虾类中个体较大的类群，在长江中下游地区，5—6 月孵出的幼体经过 50～60 天的饲养，体长一般可达 2.5～3.0 cm，到当年 10—11 月，雄虾体长可长到 4～5 cm，重 3～5 g。蜕壳的类型有：变态蜕皮、生长蜕壳、生殖蜕壳，雌虾为繁衍后代在交配前均须进行一次生殖蜕壳。影响蜕壳的环境因素有：温度、食物、光照和 Ca^{2+} 浓度。

（二）青虾的苗种培育

1. 培育的基础知识

（1）幼体的发育

在正常情况下，青虾幼体需经 9 次蜕皮变态才能发育成与成体相似的幼虾：溞状幼体 Z_1、第 2 期幼体 Z_2、第 3 期幼体 Z_3，依此类推。经 9 次蜕皮的后期幼体成变态的幼虾。

幼体能适应淡水生活，但在 6‰左右低盐度的育苗水中成活率更高。所有幼体都是腹部向上，尾部朝前游泳，一旦变成幼虾，即可变成正常的游泳和底栖生活。早期幼体经常大量集群在水体表层，很易导致局部缺氧，引起死亡。

（2）幼体的蜕皮间期

在正常投饲和温度为（26±3）℃的条件下，Z_1 和 Z_2 的蜕皮间期均为 2 天，自 Z_3 起为 2 天或 3 天，Z_5～Z_8 各蜕皮间期又均为 2 天，Z_9 则为 2～4 天。

2. 苗种的培育方法

目前，最常用和最适合广大渔农应用的育苗方法为网箱孵化及池塘育苗法。

育苗池要有充沛的水源。水质指标须符合渔业常规要求。面积以 2 亩左右为宜，长方形，坡比 1∶3，具备独立进、排水系统，水深 1.2～1.5 m。育苗池使用前要干池曝晒和认真清整消毒，进水须用 80 目尼龙筛绢严格过滤，且无任何有害物质流入池中。池内设增氧机，池水溶氧量始终保持 5 mg/L 以上。

浮式有盖孵化网箱用聚乙烯无结网片制成，规格为（1～2）m×1 m×0.8 m，网目大小约为 5 mm 见方。网箱设置在育苗池进水口或增氧机的附近，每平方米可放养体壮无病和受精卵胚胎发育程度较一致的抱卵虾 1.0～1.5 kg（水深 0.3～0.4 m）。

幼体刚孵出时水深保持 60～80 cm 即可，至育苗后期可增至 1.2～1.5 m，幼体孵出后每天在全池均匀泼洒黄豆浆两三次，每亩每天用黄豆 1.5～2.5 kg。池内适口的天然食物不足时，每天还需加喂两三次熟蛋黄。日投饲

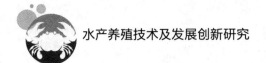

量可按虾体总体重的 15%～20%试投，之后根据摄食情况灵活掌握。育苗期间须根据池水的颜色和透明度（以 25 cm 左右为宜）及时施入适量追肥，使池水始终保持肥、活、嫩、爽。育苗时使用光合细菌（PSB）可以净化水质，增加溶氧量，促进幼体生长发育，增强体质，提高饲养成活率，且幼虾出池规格比较整齐。育苗期间还要加强病虫害的防治以及各项日常管理工作。后期育苗阶段，池内须设置适量非生物性人工虾巢，供幼虾栖息与隐蔽。幼虾体长达 1.5～2.0 cm 时要及时捕捞，进行分养。

3. 幼虾的计数和运输

幼虾计数方法有多种，其中以体积法（包括滴定法、排水法）和重量法最为常用，且较准确。

幼虾运输常用尼龙袋充氧密封法。在水温 25 ℃左右时，运输时间不超过 12 h，幼虾（体长 1.5 cm 左右）的运输密度为每袋 0.3 万～0.5 万尾时，运输成活率可高达 95%以上。运输水的温度与育苗池或成虾池水的温差不宜超过 2 ℃。气温超过 30 ℃时，须采取逐级降温至最适水温的措施。

（三）青虾的成虾养殖

1. 成虾池需要满足的条件

水源的水质指标须符合渔业常规要求，且水量充沛，注水、排水方便。面积和水深以 2～5 亩和 1.2～1.5 m 为宜。虾池形状以长方形为好，长宽比为 2∶1～3∶1。池底淤泥要少，虾沟和集虾坑有无均可。池坡比为 1∶3 为宜，并有较宽的浅水滩脚。进水口和排水口分设在虾池两端，具有过滤和防逃设备。池内设增氧机。虾池清塘后四周应浮植水薤菜，其面积为虾池总面积的 25%～30%。此外，在水层中间还可设置适量多层式人工虾巢（用破旧的密眼网片制成）。

2. 放养青虾前的准备工作

放养前 15 天左右，虾池须干池曝晒和清整消毒。进水用 80 目尼龙筛绢过滤，且禁止任何有害物质流入池中。饲养初期，水深以 1 m 左右为宜。基肥在幼虾放养前 7 天左右施放，每亩用 300～400 kg 腐熟的畜禽粪（或混合堆肥），施肥方式以全池均匀泼洒去渣的肥液为宜。水蕹菜的浮植，以及人工虾巢与投饲带（长条形小虾池不设投饲带）的设置，均须在放养前全部完成。

3. 幼虾放养时间

幼虾放养量与饲养方式有关。例如，双季塘，第一茬于 7 月亩放体长 2 cm 左右的当年青虾 4 万～6 万尾，或于 6 月亩放 2 cm 以上的当年罗氏沼虾 2.0 万～2.5 万尾，第二茬在当年 10—11 月或翌年 2—3 月亩放体重 0.5～1.0 g 的青虾 1 万～2 万尾；单季塘，如采用 1 次放足，适时分批捕捞的方式，可于 7 月亩放体长 2 cm 左右的当年青虾 4 万尾左右；三季塘，第 3 饲养阶段可于 8 月上旬亩放体长 3 cm 以上的当年青虾 2 万～3 万尾；以鲢、鳙鱼种为主的鱼虾混养塘，可于 6—7 月放鲢、鳙夏花鱼种 5 000～8 000 尾，体长 2 cm 以上的当年青虾 1 万～2 万尾。

4. 青虾的饲养管理

（1）水质管理

养殖期间须始终保持良好的水质及合适水位。保持池水溶氧充足和水质清新，促进虾的生长发育和蜕壳。饲养后期，应经常换水。

（2）投饲和施肥

饲料应以人工配合饲料（其内应添加 1.5%蜕壳促长素）为主，螺和小杂鱼等鲜活生物饲料为辅。青虾的最适摄食温度为 25 ℃左右。投饲要做到"四定"（定时、定质、定量和定点）。饲养初期，每 1～2 m 设一个投饲点。投饲次数一般为每天两次，在水温 25～30 ℃时，应每天投喂 3 次。人工配合饲料的日投饲量可先按存塘虾体重的 2.5%～5.0%试投，之后根据虾的摄食情况再进行调整。一般以投饲后 1～2 h 内吃完为宜。

（3）水生植物的管理

根据水蕹菜的长势和长相，及时在种植区内泼洒肥液。肥液浓度不宜过大，以免造成肥害。当水蕹菜高达 25～30 cm 时，就要及时收割，水面上须留茬 3～5 cm。如浮植其他水生植物，亦要保持合适的面积与密度。

（4）套养鳙鱼

青虾易性早熟，尤其是早繁苗和在摄食动物性饲料过多的情况下，更是如此。成虾池中常有不少体长 3～4 cm 的当年虾已能繁殖后代，为了控制秋繁苗的数量和提高商品食用虾的上市规格，除了幼虾下塘的时间不宜过早（有些单位把下塘时间推迟到 7 月底），以及在饲养早期应控制动物性饲料的投喂量外，至饲养中期还要套养适量鳙鱼（亩放 1 000～1 500 尾）的当年鱼种，让它们吞食一部分秋繁溞状幼体。如果秋繁溞状幼体较多，还可采用灯诱和换水方法，捞除和排放掉一部分溞状幼体。

（5）日常管理

虾池须有专人管理，每天坚持巡塘三四次，发现问题须及时采取相应措施。并要注意虾池环境卫生，加强虾的病虫害防治工作。

5. 青虾的捕捞与运输

青虾在饲养过程中生长速度不一致，个体大小很不均匀，因此，从 9 月开始就将 5 cm 以上的商品食用虾陆续捕出。常用捕虾方法主要有：用地笼、虾笼诱捕，虾罾在晚间诱捕，赶虾网在池边水草丛中驱捕，抄网在水生植物和人工虾巢下抄捕，虾拖网或虾拉网拉捕。活虾运输可分成离水保湿运输法和盛水运输法两种方式。

第四章 水产养殖的结构优化

本章主要介绍了水产养殖的结构优化，包括水库综合养殖的结构优化、淡水池塘养殖的结构优化、海水池塘养殖的结构优化三部分内容。

第一节 水库综合养殖的结构优化

20世纪80年代，水库网箱养鱼十分盛行，人们在获得很好经济效益的同时也出现了水库水质恶化、大规模死鱼现象。为此，李德尚教授领导的团队探索出了网箱中配养滤食性鱼类以改善水质、提高养殖负荷力的工作。

李德尚、熊邦喜等在山东东周水库利用现场围隔研究了滤食性鲢与吃食性鲤的关系[1]。实验共用围隔30个，围隔水深5 m，容积14.3 m³。

A群不放养鲤，其他4个围隔群都以网箱的鱼产量 75×10^4 kg/hm² 为标准，以网箱与水库面积比为0.50%、0.30%、0.25%和0.20%依次计算鲤放养；鲢则按设计的各组鲤放养量的1/3和1/2配养。

34天的实验结果表明，配养鲢不仅可以降低浮游植物、浮游动物、浮游细菌的数量和总磷浓度，而且还明显改善了水质。养殖实验持续16天后，各围隔群中配养鲢组的透明度明显大于未放鲢组，其中高配养鲢组的透明度又大于低配养鲢组（$P < 0.01$）。溶解氧与载鲤量呈负相关，也与配养鲢有关。2∶1配养鲢组的溶解氧有高于3∶1配养组的趋势。

---

① 熊邦喜，李德尚，李琪，等. 配养滤食性鱼对投饵网箱养鱼负荷力的影响 [J]. 水生生物学报，1993（02）：131-144.

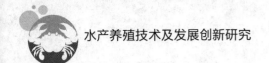

各围隔组养鱼学指标的统计结果还表明，配养鳙不仅提高了鲤净产量、生长率、饲料效率，而且还提高了养鱼的总产量（总载鱼量）和效益综合指标。其中3：1配养组优于2：1配养组。结果表明，配养鳙对养鱼效益具有积极作用。

水质测定结果表明2：1配养组优于3：1配养组；从各项养鱼学指标和效益的统计则说明3：1配养组优于2：1配养组。在水质都符合渔业标准的条件下，3：1配养组的养鱼学指标和效益都优于2：1配养组。

总之，在同一水库进行投饵网箱养鱼，又在箱外合理配养滤食性鱼类，做到精养与粗放相结合，能使两种养鱼方式相得益彰。这不仅能提高鱼产量，降低养鱼成本，提高养鱼效益，而且还合理利用水体空间和饵料，对水体的生态平衡起着调节作用。因此，在养鱼生产实践中值得推广。

第二节　淡水池塘养殖的结构优化

淡水池塘养殖在我国淡水养殖中占有重要的地位，在20世纪取得飞速发展之后，21世纪又面临新的挑战。其一，养殖主体依然是传统的养殖品种；其二，渔用费用升高，淡水水产品价格降低，致使经济效益下降，养殖状态低迷；其三，过度开发和粗放经营对资源环境造成了一定的破坏；其四，健康生态养殖、生产无公害水产品成为发展趋势。因此，继续丰富淡水池塘养殖品种，研究养殖结构优化和修复养殖环境对推动我国淡水池塘养殖业的健康可持续发展具有重要的意义。

根据不同种类生态位和习性上的特点，将多种类复合养殖可以达到生态平衡、物种共生和多层次利用物质的效果。合理地搭配养殖品种不仅可以充分利用资源，提高经济效益而且还可以减少对系统内外环境造成的负担。目前，我国有很多海水池塘鱼虾复合养殖模式的研究经验，而淡水池塘草鱼复合养殖模式老套。随着淡化养殖凡纳滨对虾技术的不断成熟，凡纳滨对虾逐渐成为我国淡水池塘调整养殖结构、优化养殖品种、提高经济效益的优良虾类品种。

一、草鱼、鲢和凡纳滨对虾的养殖结构优化

近年来，随着淡水养殖凡纳滨对虾试验的开展，凡纳滨对虾的淡水养殖备受关注。我国珠三角、广西、湖南和江西地区淡水养殖凡纳滨对虾已经有相当规模，东北地区的养殖也初见成效。全国范围内凡纳滨对虾的总产量中淡水养殖所占的比例日趋增大。但是，目前北方淡水养殖凡纳滨对虾与南方的差距较大。

淡水养殖凡纳滨对虾不仅有利于减少沿海地区养殖区域的建造和对海洋环境的污染，而且可以降低内陆地区养殖用水成本，调动养殖人员的积极性。张振东、王芳等选择在北方有代表性的山东省作为实验基地，在总结经验的基础上，进一步探索草鱼、鲢、凡纳滨对虾的淡水池塘优化复合养殖模式，以期为我国北方淡水池塘养殖模式调整提供科学参考[①]。

该研究在一个平均水深 1.5 m、面积 0.27 hm^2 的池塘中进行。池塘中设置了 21 个 64 m^2（8 m×8 m）陆基围隔用于实验。每个围隔中设充气石 4 个，通过塑料管与池塘岸边一个 2 kW 的充气泵连通，连续充气。实验共设置了 7 个处理组，分别为草鱼单养（G），草鱼和鲢混养（GS），草鱼和凡纳滨对虾混养（GL），草鱼、鲢和凡纳滨对虾按照不同的放养比例混养（GSL1～GSL4），每个处理组设置三个重复。该实验历时 154 天。

整个养殖过程中水温变化范围为 17～34 ℃，平均水温为 26 ℃。水体 pH 变化范围为 7.00～8.42，各处理间差异不显著。水体溶解氧变化范围为 2.38～10.71 mg/L，各处理间差异也不显著。随着养殖时间的增加，水体溶解氧含量逐渐下降，养殖结束时各处理组水体溶解氧值显著低于初始值。G 和 GL 组水体透明度显著低于 GS、GSL2、GSL3 和 GSL4 组。

水体总氨氮含量 GSL3 组显著高于 GL 组，其他组间差异不显著，GSL3

① 张振东，王芳，董双林，等. 草鱼、鲢鱼和凡纳滨对虾多元化养殖系统结构优化的研究 [J]. 中国海洋大学学报（自然科学版），2011，41（Z2）：60-66.

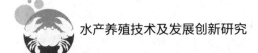

水产养殖技术及发展创新研究

组结束时数值显著高于初始值。水体总碱度、总硬度、硝酸氮含量、亚硝酸氮含量、磷酸根离子含量各组间差异不显著。水体叶绿素 a 含量 G 和 GL 组显著高于 GSL3 和 GSL4 组，其他组间差异不显著，G 和 GL 组结束值显著高于初始值。

养殖过程中随着时间的延长，各组底泥中总碳、总氮和总磷含量逐渐积累，各组结束值显著高于初始值。养殖结束时，底泥总碳含量（GSL2、GSL4）＜GL＜（GSL1、GSL3）＜（G、GS）；底泥总氮含量（GSL2、GSL4）＜（GSL3、CSL1）＜GL＜（G、GS）；底泥总磷含量（GSL2、GSL4）＜GL＜（GSL3、GSL1）＜（G、GS），且 GSL2 组显著低于 G 组。

收获时，草鱼平均体重、成活率、相对增重率各组间差异均不显著，但 GSL2 组草鱼成活率最低（88.3%）。草鱼产量 GSL2 和 GSL4 组显著低于 G、GS 和 GSL1 组，GSL3 组显著低于 G 组，GL 组与其他组间差异不显著。鲢成活率较高（93.2%～100.0%），成活率和相对增重率各组间差异不显著；平均体重 GSL1 和 GSL2 组显著高于 GSL3 和 GSL4 组，GS 组和其他组间差异不显著。鲢产量 GS 组显著高于 GSL1、GSL2 组，显著低于 GSL3 组，与 GSL4 组差异不显著。凡纳滨对虾成活率较低（8.9%～21.4%），GSL4 组显著高于其他组，GL 组显著低于 GSL2 和 GSL4 组。对虾产量 GSL2 和 GSL4 组显著高于其他组。总产量 GS 组显著高于 GL 和 GSL2 组，其他组间差异不显著。

各组间投入产出比差异不显著。养殖结束时养殖生物的氮利用率，GSL3 显著高于 G、GL 和 GSL2 组，GL 组显著低于 GS、GSL1、GSL3 和 CSL4 组，其他组间差异不显著。养殖结束时养殖生物的磷利用率 GSL3 组显著高于 GSL2 组，其他各组间差异不显著。饲料转化效率 GS 组显著高于 GSL2 组，其他组间差异不显著。

鉴于草鱼放养密度为 0.77 尾/m² 时，可以保障出池规格大于 1 100 g/尾。因此在该实验条件下，最佳的混养模式为：草鱼与鲢混养比例为草鱼 0.77 尾/m²、鲢 0.45 尾/m²；草鱼、鲢和对虾混养比例为草鱼 0.77 尾/m²、鲢 0.23

尾/m²、凡纳滨对虾 16.3 尾/m²。

二、草鱼、鲢和鲤的养殖结构优化

宋顾等人利用池塘陆基围隔研究了草鱼、鲢和鲤综合养殖结构。实验共设置 7 个处理组，分别为草鱼单养（G）、草鱼和鲢二元混养（GS）、草鱼和鲤二元混养组（GC）、草鱼、鲢和鲤按照不同比例放养的三元混养 GSC1、GSC2、GSC3、GSC4[①]。

经过 5 个月的养殖，草鱼从 156 g 长到 660～913 g，平均体重达到了 745 g，体重增加了 4.23～5.85 倍。各处理组收获的草鱼规格差异不显著（$P>0.05$）。各处理组草鱼成活率都在 90% 以上，相互之间差异也不显著。G、GS、GC、GSC2 和 GSC3 处理组的草鱼净产量显著大于 GSC4 组，其中 G 组草鱼净产量达到 4 766 kg/hm²，而 GSC4 组的草鱼净产量仅有 1 871 kg/hm²，这主要是由于各处理组草鱼放养密度不同造成的。

实验期间鲢从 74 g 长到 426～703 g，平均规格达到 514 g，体重增加了 5.76～9.50 倍。GSC1 组收获的鲢规格显著大于 GSC2 组（$P<0.05$），其他各处理组收获鲢规格间差异不显著。除 CS 处理组鲢成活率为 90.8% 外，其他各处理组成活率都在 95% 以上，且各处理组之间差异不显著。GSC4 净产量最高，达 3 035 kg/hm²，而 GSC2 的净产量最低，只有 1 312 kg/hm²。

鲤在实验期间由 82 g 长到 373～493 g，平均规格达到了 438 g，体重增加了 4.55～6.02 倍。各处理组之间鲤收获规格差异不显著。除 GC 组仅有一条鲤死亡外，实验期间没有出现鲤死亡现象，成活率基本达到 100%。GSC4 鲤净产量最高，达到 2 264 kg/hm²、GSC3 鲤净产量最低，仅为 593.3 kg/hm²。实验表明，GSC1 和 GSC3 与 GSC2 和 GSC4 组之间鲤净产量差异显著。

饲料系数也是衡量一个养殖系统能否有效利用饲料的重要指标。G 组在产量上偏小，且饲料系数又明显大于其他各组，达到了 1.8，是 GSC2 组的

---

① 宋顾，田相利，王芳，等. 不同草鱼池塘混养系统结构优化的实验研究 [J]. 水生生物学报，2012，36（04）：704-714.

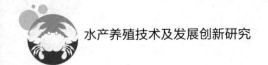
1.39 倍。混养模式中，以 GSC2 和 GSC4 的净产量较高，饲料系数也只有 1.3，是比较理想的养殖模式。其他混养组除 GSC3 外，饲料系数也都为 1.4～1.5。

各模式的 N、P 来源主要是投喂的饲料，投入的 N 为 281～427 kg/hm^2，投入的 P 为 15.9～26.2 kg/hm^2。N 的总利用率为 18.8%～40.6%，P 的总利用率为 11.1%～25.2%，以 GSC2 组最高，G 组最低。N、P 总相对利用率以 GSC2 最高，达到 6.97，是最低的 G 组的 3.59 倍。N、P 利用率以 GSC2 和 GSC4 较高，G 组最低。

第三节　海水池塘养殖的结构优化

一、海水池塘中国对虾综合养殖结构的优化

自 20 世纪 80 年代起，我国海水池塘养殖业迅猛发展，但传统的高密度、单养的养殖模式不仅对饲料利用率低，而且对环境负面影响十分严重。这样的养殖模式是不可持续的，因此，改善海水池塘养殖结构、提高饲料利用率、减少养殖污染，实现水产养殖由数量增长转为质量增长已成为国家亟待解决的重大问题。

笔者对海水养殖池塘生态系统的结构与功能进行研究，并着手进行养殖结构优化。下面简要介绍海水对虾池塘综合养殖结构的优化。

（一）对虾与缢蛏养殖结构的优化

王吉桥等研究了中国对虾与缢蛏综合养殖结构优化的实验，设对虾一个密度水平（6.0 尾/m^2）×缢蛏［（5.40±0.35）cm］4 种密度水平（0、10 粒/m^2、15 粒/m^2 和 20 粒/m^2）。实验结果表明，对虾的成活率随缢蛏放养密度的增加而增高。当缢蛏的密度为 15 粒/m^2 时，对虾的成活率为 52.0%，生长速度最快，产量（529.5 kg/hm^2）比单养对虾时高 8.66%。该系统的最佳结构为：每公顷放养体长 2～3 cm 的对虾 60 000 尾，壳长 6 cm 的缢蛏苗 15 000 粒。如

以在毛产量中的比值表示，则其最佳结构约为对虾：缢蛏=1：3[①]。

在低密度放养缢蛏（10 粒/m² ）时，2 龄缢蛏的出塘体长为 6.68 cm，与一般养殖的体长相近，但体重比自然生长的缢蛏重约 50%。缢蛏的出塘规格、产量和成活率随其放养密度的增加而减小，且越接近放养密度的上限，密度对生长的影响越明显。

该实验中缢蛏放养密度为 15 粒/m² 时，对虾的体长、体重和产量比单养对虾都有较大提高，密度过大或过小时则对对虾都有不利影响。需要说明的是，由于该实验放养的缢蛏为体重 10 g 左右，是已接近商品规格的大苗，因而缢蛏的净产量偏低。如果放养小规格的苗种（壳长 2～3 cm），则缢蛏的净产量会更高及对整个生态系的作用可能会更好。

（二）对虾与海湾扇贝养殖结构的优化

对虾与海湾扇贝综合养殖结构优化的实验，设对虾一个密度水平（6.0 尾/m²）×扇贝 4 个密度水平（0、1.5 粒/m²、4.5 粒/m² 和 7.5 粒/m²）。扇贝苗壳长（1.1±0.1）cm，放养于高 1.2 m 的 8 层网笼中，网目为 0.5 cm。

实验结果表明，当扇贝密度为 1.5 粒/m² 时，对虾的成活率与单养对虾无显著差异，但是，对虾的平均体长、体重和产量却比对照组中的对虾分别提高了 2.5%、3.8%和 6.5%[②]。

对虾出塘时的体长和体重随扇贝密度的增加而减小。统计分析表明，当扇贝的密度为 1.5 粒/m² 时，对虾出塘时的体长显著大于密度为 4.5 粒/m² 和 7.5 粒/m² 时，但对虾的体重只显著大于扇贝密度为 7.5 粒/m² 时，而与 4.5 粒/m² 时无显著差异。对虾的产量和成活率与扇贝的放养密度呈负相关。当扇贝密度为 1.5 粒/m² 时，对虾的产量和成活率显著高于 7.5 粒/m² 时，而与

① 王吉桥，李德尚，董双林，等. 中国对虾与缢蛏投饵混养的实验研究［J］. 大连水产学院学报，1999（01）：9-14.

② 王吉桥，李德尚，董双林，等. 对虾池不同综合养殖系统效率和效益的比较研究［J］. 水产学报，1999（01）：45-52.

扇贝密度为 4.5 粒/m² 时无显著差异。

出塘时扇贝壳长和体重随放养密度的增加而减小，其中体重降低了39.1%～42.6%。但是，净产量却由 1.5 粒/m² 时的 470 kg/hm² 增至 7.5 粒/m² 时的 1 236 kg/hm²。扇贝的出肉率（软体部分湿重占带壳湿体重的百分比）随体重的增大而增加：7.5 粒/m² 时带壳重 20.9 g，其出肉率为 37.88%；1.5 粒/m² 时带壳重达 34.3 g，其出肉率为 42.84%，增加了 11.6%。若以绝对含肉量和经济效益来计算产量，则不同密度下扇贝的产量差异不显著。

实验的结果表明，该系统的最佳结构为：每公顷放养体长 2～3 cm 的对虾 60 000 尾，壳长 1.0 cm 的海湾扇贝苗 15 000 粒左右；以对虾与扇贝在毛产量中所占的比值来表示，则约为对虾∶扇贝＝1∶1。但该组为各实验组中扇贝放养量最低的一组，因此有可能其最适的配养量还要更低一些。

（三）对虾与罗非鱼、缢蛏养殖结构的优化

田相利等人在山东海阳利用 18 个池塘陆基围隔研究了中国对虾与罗非鱼和缢蛏的混养结构[①]。95 天的结果显示，各处理间在 pH、溶解氧和营养盐含量方面没有明显差异，但单养对虾处理的 COD 含量明显高于混养处理。对虾单养对照组叶绿素 a 的含量显著高于虾-鱼-蛏混养组，透明度则是前者低于后者。放养 2 cm 对虾、150 g 罗非鱼和 3 cm 缢蛏时，最佳的放养比例是对虾 7.2 尾/m²、罗非鱼 0.08 尾/m²、缢蛏 14 粒/m²。这一放养比例的经济效益和生态效益都较高，投入 N 和 P 的转化率分别达到 23.4% 和 14.7%。

二、海水池塘海参、对虾、梭子蟹、菊花心江蓠养殖结构的优化

陈秀玲、张丽敏等人 2020 年在秦皇岛疆海水产养殖有限公司开展了海参—日本对虾—梭子蟹—菊花心江蓠四品种混养试验[②]，采用了两个 3.33 hm²

---

① 田相利，李德尚，阎希柱，等. 对虾 罗非鱼 缢蛏三元混养的实验研究 [J]. 中国动物保健，2000（02）：12-13.

② 徐晨曦，陈秀玲，高晓田，等. 海水池塘刺参-日本对虾-三疣梭子蟹-菊花心江蓠生态混养技术 [J]. 河北渔业，2022（03）：24-26.

（50亩）的刺参养殖池塘，面积共6.67 hm²（100亩）。试验池塘底质为泥沙底，池深3～4 m，进排水方便，交通便利。

2020年3月中旬对养殖池塘进行清淤平整，整理刺参附着基——礁石，使堆高保持在0.6～0.8 m，堆宽保持在1.3～1.5 m，行距2.5 m，堆距3.5 m。对试验池塘清整后进水，进水时用80～100目筛网过滤，水深80～100 cm。刺参投苗前一周左右泼洒"硅藻旺"肥水，培育底栖藻类，使水体透明度维持在30～40 cm。

2020年4月初投放刺参苗种，规格为200～300头/kg，投苗密度22 500只/hm²。日本对虾第一茬在5月初投苗，规格为体长1.0～1.5 cm，密度45 000尾/hm²；第二茬在8月上旬投苗，规格为体长1.0～1.5 cm，密度30 000尾/hm²。三疣梭子蟹在5月下旬投苗，规格为200～300只/kg，密度3 750只/hm²；菊花心江蓠在6月池塘水温稳定在20 ℃时投苗，播种方式为底播，苗种株高8～10 cm，密度6 000株/hm²。

2020年10月中旬，其试验结果显示，刺参、日本对虾、三疣梭子蟹和菊花心江蓠的单位面积产量分别为1 878 kg/hm²、504 kg/hm²、307.5 kg/hm²和505.52 kg/hm²，合计单位面积产量为3 192.0 kg/hm²。

养殖结果显示，刺参—日本对虾—三疣梭子蟹—菊花心江蓠生态混养模式单产高达3 191.25 kg/hm²，与其他海参混养模式相比单位面积产量处于较高的水平；其中仅刺参产量就达1 800 kg/hm²以上，比常见的海参单养模式高出1倍多；表明该模式养殖品种的搭配和放养密度是合理的，具有很高的推广应用价值。

第五章　水产养殖业的创新发展

本章介绍了水产养殖业的创新发展，包括我国水产养殖业的发展现状、"互联网+水产养殖"的发展策略、物联网技术在水产养殖业中的应用、生态养殖技术在水产养殖业中的应用。

第一节　我国水产养殖业的发展现状

我国水产养殖历史悠久，技术精湛，是世界上进行水产养殖最早的国家，也是世界上唯一养殖产量超过捕捞产量的国家，而且水产养殖业仍在持续快速发展中。在满足世界水产品需求的同时，我国的水产养殖正面临着水环境状况日益恶化、社会舆论的监督、政策与法规的监控及水产品品质要求日益提高等方面的挑战，如何实现水产养殖的可持续健康发展是政府、环境保护者、水产养殖人员以及广大人民群众共同关注的问题。

随着养殖技术、理论的发展和市场需求的不断增长，水产养殖业得到了大力的发展，然而这样的发展却是在追求数量和增长速度的前提下，以高成本、低效益、透支未来的资源和环境为代价取得的，可见我国在进行水产养殖过程中存在着许多问题。

一、仍采用粗放式的养殖模式

水产养殖的发展在追求数量和增长速度的过程中，是以占有和消耗大量资源为代价取得的。粗放式的养殖模式导致生态失衡和环境恶化等问题日益突出，同时大量滋生了细菌病毒等并积累了有害物质，给水产养殖业自身带来了极大的风险和困难，威胁着水产养殖业的生存和发展。

二、水域开发不科学

近年来，沿海地区都对浅海滩涂和养殖水域进行了功能区划。应该说，这种区划从整体上看是科学和可行的，但在具体生产操作中却存在着不少问题。养殖区域过度扩张，影响了自然资源的繁衍和生长。众所周知，自然资源的产生、生长和消亡都有一定的规律。从海洋渔业资源的角度说，任何水域若经过较大的人工改造，必然会打乱固有的自然生物生长环境，使传统的地方名产变态变性，甚至灭绝。另外，不少地方在规划养殖区时，忽视了鱼类洄游与索饵通道，严重影响了各种自然水生物的生长，导致自然生物的变态与减少。

养殖品种和养殖方式比较混乱，造成相互干扰。虽然各地都按照各自的实际情况对海域的使用进行了基本的功能区划，但在实际操作中还是养殖户自己说了算的较多，这样一来，由于养殖品种差别较大，不管是清池引水，还是投饵施药，都容易造成相互抵触、相互污染的后果。

三、水产养殖用药过多

水产养殖用药缺乏严格的监督管理，不但因用药过量而造成水域污染，而且还使养殖品种因有害元素富集体内导致严重超标，影响消费者的健康。《中国海洋报》曾刊登过这样一篇报道，南方某地一位养鱼专业户从事水产养殖 10 多年，自己却从来没吃过一条自己养的鱼。其原因不是舍不得吃，而是由于他自己很清楚用的药太多，不敢吃。据了解，目前大部分水产养殖人员都会采用大量的药物来维持养殖品种的正常生长，使得养殖用药越来越多，养殖品种的毒素富集越来越高，对水环境和人体健康都造成了危害。

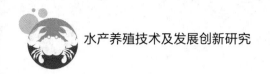

第二节 "互联网＋水产养殖"的发展策略

"互联网＋"作为国家发展战略正与我国渔业进行广泛深入的融合,"互联网＋水产养殖"已呈现出加速发展的态势,这对促进我国渔业转型升级,实现渔业转方式调结构的发展目标具有强大的推动作用。

一、"互联网＋水产养殖"简述

近年来,水产养殖在水质环境监测、水生动物疾病诊断、渔情信息动态采集、水生动植物病情测报、水产品质量安全追溯监管、渔技服务、金融保险等渔业生产、管理、服务方面逐渐与互联网融合,改善了水产养殖相对落后的状态,有效提升了产业发展的科技含量。

(一)"互联网＋水产养殖"的含义

"互联网＋"是指以互联网为主的新一代信息技术(包括移动互联网、云计算、物联网、大数据等)在经济、社会生活等各部门的扩散、应用与深度融合的过程,其本质是传统产业的在线化、数据化。水产养殖作为最传统的产业之一,在"互联网＋"的发展趋势中潜力巨大。"互联网＋水产养殖"指的是运用移动互联网、云计算、物联网、大数据等新一代信息技术,对水产养殖产业链生产、管理以及服务等环节进行改造、优化、升级,重构产业结构,提高生产效率,把传统水产养殖业落后的生产方式发展成新型高效的生产方式。"互联网＋水产养殖"中的"＋"并非两者简单相加,而是基于互联网平台和通讯技术,将传统水产养殖业与互联网深度融合,包括生产要素的合理配置、人力物力资金的优化调度等,使互联网为水产养殖智能化提供支撑,以提高生产效率,推动生产和经营方式变革,形成新的发展生态模式。

根据所涉及的环节与领域的不同,"互联网＋水产养殖"的发展类型归纳起来主要有三种:一是在养殖生产领域的智能化水产养殖模式中,凭借各种传感器，运用物联网技术，采集养殖水质、养殖生物等有关参数信息，给养殖者决策提供信息，实现饲料、鱼药精准投放，随时操作工具设备，以最小人力、物力投入获取最大收益；二是在养殖管理领域的智能化养殖管理模式中，主要是运用先进的信息化手段，完整、准确地采集各项信息，并进行大数据分析，为行政管理决策提供基础支撑，该类型多由行政管理机构主导开发；三是在养殖服务领域的智能化养殖服务模式中，运用电子商务平台为养殖生产提供生产物资购买、产品销售、技术培训以及保险与金融服务，将养殖保障内容延伸到养殖活动的上下游。

（二）"互联网＋水产养殖"的发展现状

水产养殖是最为传统的产业之一，互联网信息水平并不高。通过与"互联网＋"结合，运用物联网、大数据、云计算等技术，可以大幅度提高水产养殖业的生产、管理、服务等环节的效率，促使生产方式从落后向高效转变。

近年来，"互联网＋养殖生产""互联网＋养殖管理""互联网＋服务"等方面都取得了长足进步，改变了水产养殖相对落后的生产状态，大幅度提升了产业发展的技术含量和信息化水平。

在推动"互联网＋水产养殖"过程中，也暴露出了很多问题。"互联网＋水产养殖"作为一种新的经济形态，普遍存在认识不足的情况，不能很好地把握相关内涵。"互联网＋"要依靠多种技术手段和智能化设备，但水产养殖企业对此的投入不足，未来还需要进一步加大税收减免、价格支持力度等措施，引导和激励企业进行"互联网＋"改造。然而，目前政府起到的作用较为有限。在"互联网＋水产养殖"的深度融合过程中，政府的作用至关重要，如引导各方力量合理有序开发、提高养殖人员业务能力、出台金融等扶持政策等。以目前发展来看，政府的作用还有不少提升的空间。

总体来说，"互联网＋水产养殖"是现代渔业的主要发展趋势之一，未来仍会继续广泛深度融合。"互联网＋水产养殖"的推进，也将帮助渔业转型升级，实现渔业转方式、调结构的发展目标。

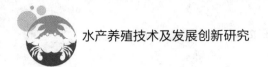

水产养殖技术及发展创新研究

水产养殖业作为农业的重要构成部分，依靠互联网就意味着提升该行业信息化和智能化水平，改变过去比较落后的生产方式，这实际上是市场及该行业自身发展的必然要求。在互联网发展时代工业化养殖条件下，水质环境控制正向以自动化、智能化和网络化为主的方向发展，这也是生产发展的必然趋势。近年来，水产养殖在水质环境监测、水生动物疾病诊断、渔情信息动态采集、水生动植物病情测报、水产品质量安全追溯监管、渔技服务、金融保险等渔业生产、管理、服务等方面逐渐与互联网融合，改变了水产养殖相对落后的状态，有效提升了产业发展的科技水平。

1. 互联网＋养殖生产

（1）自动监测养殖水质环境

水体受到污染，水质富营养化，这对水产养殖业是非常不利的。在处理和解决这一问题的过程中，各水产养殖利益主体积极采取的行动就包括利用互联网对区域的水体、土壤等进行监测，并使用配套仪器控制和调节鱼虾养殖的水、土壤等环境。互联网技术和配套的监测仪器（水质分析仪、增氧机等）的相互配合，即可获知水温、浊度、pH、COD、BOD 等相关参数，再进一步控制和调节鱼虾生存环境。

（2）远程辅助诊断水生动物疾病

该服务系统包括辅助诊断、远程会诊和预警预报三部分。水生动物疾病远程辅助诊断就是首先对患病水生动物的宏观大体图像、显微图像进行数字信号采集，并结合一定的临床表现描述养殖水体性状，比如温度、pH、溶解氧、氨氮、微生物等，通过系统自带的上百种水生动物常见疾病的诊疗方法，进行对比分析，可以自动得出相应的初步诊断结果和诊疗方法，有专业的参考作用。

2. 互联网＋养殖管理

（1）全国养殖渔情信息动态采集

全国养殖渔情信息采集系统利用物联网、云计算等现代信息技术，对产量、面积、投苗、成本、价格、收益、病害以及支渔、惠渔政策等内容进行自动采集和分析。

该系统建立于 2009 年，由全国水产技术推广总站搭建，目前已在全国 16 个渔业主产省（区）建立信息采集定点县 200 个，采集点 700 多个，各类采集终端 6 000 多个，形成了近 1 300 人的采集分析队伍，能对 76 个养殖品种、9 种养殖模式进行全年的信息动态采集。

（2）全国水产养殖动植物病情信息采集

全国水产养殖动植物病情测报工作于 2000 年启动，2015 年开始搭建全国水产养殖动植物病情测报信息系统，运用数据库技术、地理信息系统技术和网络技术，构建了一套包括数据采集、存储、管理、应用及信息汇总分析的应用系统，依据原有五级测报工作体系，由测报点完成基础测报信息的上报工作，由国家、省、市和县四级测报机构对辖区内测报点的原始信息进行自动汇总、图表分析，实现条件查询功能，自动生成当月病害测报表。目前该系统已经完成了系统开发工作，各地正在安装和试运行。

（3）水产品质量安全追溯监管

水产品质量安全监管与追溯平台于 2011 年启动开发，可实现养殖水产品"来源可查询、去向可追溯、责任可追究、产品可召回"的养殖水产品质量安全监管目标。目前已建设国家级监管平台 1 个，省级监管平台 26 个，市县级监管平台 69 个，在 5 600 多个养殖企业设立了远程监控终端。苏州捷安信息科技有限公司研发了养殖信息 IC 卡系统，该卡可实时上传使用信息到"水产品质量安全监管与追溯平台"，管理部门通过平台可以掌握养殖企业的生产情况。江苏、天津等省份已先后开始使用该 IC 卡系统。

（4）水域滩涂养殖登记发证服务

"水域滩涂养殖登记发证系统"主要用于水域滩涂养殖发证登记工作，其主要功能包括《水域滩涂养殖证》的初始登记、变更登记、期限延展、注销、修改、删除、打印、查询、统计等。发证登记机关从行政级别上分为省级、市（州）级和县级，都有录入申请的权限，农业部有修改和删除的权限。

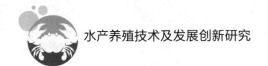

3. 互联网＋服务

（1）渔需物品购买和产品销售

养殖者可以通过网络购买各类水产养殖投入品，包括饲料、渔药、苗种以及渔机具等。苏州捷安公司开发了可追溯水产品电商平台，养殖户可以在平台上实现苗种、饲料和鱼药的团购。此外，养殖者还可以通过网络销售水产养殖产品。

江苏省海洋与渔业局和苏宁云商集团合作，在苏宁易购超市频道"中华特色馆"内设置"江苏优质水产品"页面，江苏各地特色水产品都可以在苏宁易购上销售。

（2）水产养殖技术指导服务

水产技术推广机构通过科技入户系统规范和管理渔技人员的推广工作。渔技人员通过手机等移动客户端将工作动态及工作地理信息上传到渔技服务平台上，主管部门可实时查看、监督、统计所辖基层的渔技人员上门指导工作情况，主管部门也可以通过渔技服务系统实时将相关工作内容推送给辖区内的渔技人员。江苏、福建等省已经开始使用全国水产技术推广总站和苏州捷安公司合作开发的渔技服务系统。

（3）水产养殖金融、保险服务

互联网金融平台根据掌握的养殖单位生产经营和交易数据，经过大数据分析可以对其进行资信评级，为养殖单位提供低成本、无抵押和快捷、简便的信贷服务，降低融资成本，同时提供多种形式的理财和保险服务，增加收入来源，降低养殖风险。江苏省兴化市创建的河蟹交易平台——蟹库网，其推出的河蟹银行服务可协助养殖单位解决资金贷款问题。

二、我国"互联网＋水产养殖"发展策略

随着海洋与内陆水域渔业资源的枯竭，水产捕捞量逐年下降，发展水产养殖成为解决动物蛋白质短缺的重要途径之一。当前的水产养殖业在相当广阔的领域里都需要引进分子生物技术和其他先进技术。水产养殖技术可以被

阐述为将生物学概念科学地运用到水产养殖的各个领域，以提高其产量和经济效益。生物多样性公约将生物技术定义为"被应用于生物系统、生物体以及其他衍生物，其目的是制造新的生物体或改变其形成过程的任何技术"。生物技术所涉及的应用范围很广，它可用来促进水产养殖业的生产和管理。有些生物技术名字听起来时髦新颖，其实很早就开始被人们应用了，比如发酵技术和人工授精。现代生物技术与分子生物学研究和基因技术密切相关。水产养殖业中的生物技术与农业中的生物技术有许多相似之处。随着科技的发展，水产养殖业更加需要有安全有效的生物技术，这对水产养殖业应对面临的挑战具有重要意义。在强调水产养殖技术对保证人类粮食供应安全、消灭贫困、增加收入作出巨大贡献的同时，我们必须充分考虑把水产养殖技术创新引入水产养殖业可能会带来的种种问题，研究如何保持水产品种的多样性以及新技术对社会和经济的潜在影响等，用负责任的态度研究和利用这一新兴技术。

水产养殖技术和其他技术创新对水产养殖多样性成功、投资潜力和国际技术交流体现出了积极的影响。水产养殖生物技术的发展通过环境和谐，将为生产健康和快速生长的水生动物提供一个手段。不同地区的科技人员和生产者之间就有关问题和成果进行研讨，将有助于水产养殖业进一步发展，促进全球水生动物的生产持续增长。

近几年我国主要养殖水产品出塘量稳中略增、供给稳定，多数品种出塘价格稳中有升，饲料等成本有所下降，养殖效益呈稳回升态势，水产养殖转方式调结构成效初显，但个别品种形势仍不容乐观，寒潮、洪涝等灾情影响较为严重。

《中国渔业统计年鉴》显示，2021 年，全国水产品总产量 6 690.29 万 t，养殖产量 5 394.41 万 t，占比 80%[①]。世界银行、联合国粮食及农业组织和国际粮食政策研究所发表的《2030 年渔业展望：渔业及水产养殖业前景》预测，

---

① 中研网. 2022 年世界渔业和水产养殖状况 中国水产养殖行业产量统计［R/OL］.（2022-11-28）［2023-06-11］. https://www.chinairn.com/news/20221128/082349106.shtml.

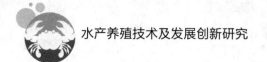

到 2030 年，直接供人类食用的水产品供应量中将有超过 60% 来自水产养殖业。然而，进入 21 世纪，传统的水产养殖业面临着水域环境恶化，养殖设施陈旧，养殖病害频发，水产品质量安全隐患增多，水产养殖发展与资源、环境的矛盾不断加剧等突出矛盾和挑战，这些问题已经成为水产养殖业健康持续发展的巨大障碍。

在这样的背景下，改造提升传统的水产养殖业，大力发展绿色、环保、节能、循环的环境友好型生态养殖模式，对于实现人与自然和谐共处、保障水产养殖产业的健康、高效、可持续发展具有重要的现实意义。

为了明确我国水产养殖发展的战略目标，发展思路和主要任务，促进水产养殖又快又好地发展，建议我国水产养殖主管部门在"十三五"期间采取有效措施，加大支持力度，进一步推动和发展我国水产生态养殖技术和新养殖模式。

（一）"互联网 + 水产养殖"体系建设

1. 构建生态养殖技术体系

研究完善生态容量、养殖容量和环境容量评估技术，摸清我国主要水域的养殖潜力，以生态养殖为基础、健康养殖为核心目标，开发不同类型渔业水体的多层次营养综合增养殖新模式与生态养殖技术。重点研发基于生态系统组织修复为主的生态渔业和水资源保护的协同技术，具体包括水产种质资源保护、土著鱼类繁殖生态环境修复与重建、生态水位调控技术、经济鱼类增殖与评价管理，以及多种类捕捞协同管理等技术，为天然渔业资源保护与增殖行动提供技术手段和产业示范。

2. 构建养殖工程技术体系

研发深水水域抗风浪养殖系统与配套技术，构建增养殖水域生态环境监测及灾害预警预报系统，建立完善全封闭循环水养殖系统，通过上述关键技术研究与系统集成，以达到节能、高效、安全的生产要求，并形成相应的生产管理技术。

3. 构建浅海浮筏养殖技术体系

根据不同的养殖种类和养殖方式,确定适宜于机械化作业的养殖器材与设施。根据养殖容量,统一养殖密度、筏架宽度和长度,构建浅海浮筏标准化养殖技术体系,为实现海水养殖机械化、自动化作业打下基础。

4. 构建环境友好型养殖技术体系

研发区域适应性的环境友好型关键养殖技术,深入研究养殖生物营养动力学,开发高效低排放的饲料投喂技术体系、低成本高效率的多营养层次综合养殖系统;研发集约化养殖条件下污染控制与环境修复技术。

5. 构建盐碱地生态养殖技术体系

集成与研发滨海盐碱地名优水产产业化过程中的关键技术,建立盐碱地区域名优水产养殖产业基地,打造名优水产品品牌;推广生态环境优化的生态渔业技术与模式,实现由传统渔业方式向以渔养水、以渔育地的生态渔业方式转变。

6. 构建水产养殖管理与环境控制技术体系

运用"3S"技术(遥感技术——RS、地理信息系统——GIS 和全球定位系统——GPS)和养殖承载力动态模型,重点研发生态系统服务功能评估、水产养殖管理决策支持系统、水产生态养殖环境控制关键技术等,解决水产养殖与生态环境和谐发展技术难题。

(二)"互联网+水产养殖"具体实施

1. 利用网络建设水产养殖信息系统

利用先进的信息技术,建成先进实用、安全可靠,集信息资源采集、传输、存储、共享与交换、发布、应用服务等功能为一体的数据中心,形成持续稳定的数据汇集、管理、维护的运行机制;通过对已有数据的整理和标准化过程,保证数据的准确性、唯一性和延续性;对应用数据进行深入挖掘,为决策者提供各类相关业务报表、统计分析查询、对比分析、趋势分析,以及预警预报、防灾减灾、应急指挥和科学决策的依据。提升全国范围内水产

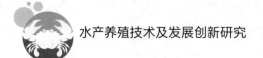

养殖信息数据实时交互能力和传输效率，各种应用系统不断投入运行，采用先进成熟的网络技术，满足信息系统对各种实时业务数据的传输需要，实现设备同网络的无缝连接，提高系统运行的稳定性、便利性和安全性。

2. 建立水产养殖综合办公系统

按照协同办公、提升管理的要求，集中力量建设有利于提高我国水产养殖效率和管理水平的综合办公系统，重点建设、实施协同办公和协同通信子系统。

通过协同办公子系统实现各级、各部门及时有效地共享与处理办公信息，改变传统的工作模式，具备移动办公、活动安排、会议管理、报告管理、考勤考核、电子邮件等功能，实现电子化、无纸化、网络化、协同化，支持多种移动终端，兼容主流操作系统。

协同通信子系统，可以提供更方便的沟通方式，增强信息共享和沟通能力，提高工作效率，实现文本会话、语音/视频交流、手机短信、文件传输等功能，营造出了一种新型的沟通文化，进一步增强团队的凝聚力。

3. 制定生态养殖发展规划

以市场需求为导向，以生态养殖建设为目标，以水域生物承载力为依据，以产业科技为支撑，确立不同水产养殖区域的功能定位和发展方向，开展水产养殖长期发展规划。

4. 加快水产养殖基础设施建设

开展水产养殖基础设施和支持体系普查工作，全面摸清水产养殖业的基本状况，为制定养殖业发展规划，指导养殖业发展提供科学依据；针对目前养殖业较为突出的问题，继续实施标准化池塘改造财政专项，并启动浅海标准化养殖升级改造专项，稳定池塘养殖总产，提高名优水产养殖品种所占比例和水产品质量，增强浅海养殖综合生产能力，提高食品保障和安全水平。

5. 完善水产养殖管理体系

以生态系统养殖理论为基础，科学地调整养殖许可证和水域使用许可证的发放管理制度，将农业部负责发放养殖许可证、国家海洋局发放养殖水域使用证的两部门管理方式改为由一个部门统一管理。建议在两证发放前，由科研部门对申请养殖水域进行容纳量评估，政府部门根据科研机构的评估结果，在养殖许可证上明确限定申请水域的养殖种类、养殖密度和养殖方式，以便杜绝养殖者随意增加养殖密度的行为，确保我国水产养殖可持续健康发展。

第三节　物联网技术在水产养殖业中的应用

一、物联网技术在水产养殖中的应用体现

我国是水产养殖大国，平均水产养殖产量占全世界总产量的 70%左右。随着科学技术的不断发展，物联网技术将被应用于水产养殖中。任何产业都需要更新升级，适应新环境和新要求，建设智慧型水产养殖系统就是为了更加方便、有效、实时监控地水产养殖池塘环境和水产养殖生物的生长情况，以提高养殖效率和效益。

2011 年，江苏省建成我国第一个物联网水产养殖示范基地，基地内采用先进的网络监控设备、传感设备等，将物联网和无线通信技术相融合，可以远距离增加养殖池塘内的氧气含量、智能投喂饲料、检测生物的生长状况等，出现问题时也能进行预报预警。例如，水产养殖人员可以在手机 App 的水产养殖管理系统中，随时随地了解养殖池塘内的溶解氧气含量，一旦发现水中溶解氧含量不足，只需要在系统上操作，就可调控氧气含量；也可以使用手机发送信息传输到控制管理系统中，远程投喂饲料。此外，该物联网实验室中还设有网络视频监控器，水产养殖人员可以实时地监控池塘内生物的各种生长状况，及时采取应急措施。随着物联网技术的飞速发展，水产养殖物联网系统已经在多个城市设立了试验项目。目前，物联网技术在水产养殖业中的应用主要表现在以下 3 个方面。

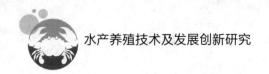

（一）监测池塘水中环境

水产养殖物联网技术可以利用无线传感器来监测池塘中的水温、溶解氧、pH、环境质量等多项指标参数。该系统先进行数据无线传输和转换处理，再将这些数据和信息传送给养殖人员，养殖人员可以通过手机、电脑等电子设备，随时随地了解养殖池塘中生物的生长状况以及养殖环境状况，以便对出现的问题及时采取必要的措施，大大减少了传统养殖中的麻烦。

（二）监控水产品生长状况

养殖区内气象环境变化和质量安全都十分重要，应当采取适当的管理监控措施。养殖区内气象环境变化的监控主要是对气压、气温等一些数据参数进行长期采集、积累并对比，以便于为各种不同气象条件下的养殖生产方案提供数据支持。养殖区内生产安全监控主要是在一些特殊的生产管理场所配备监控摄像头，实时监控养殖过程，避免一些不法分子潜入偷盗以及养殖生物窜逃的情况发生，以此提高养殖的安全性。对于养殖动物生长状况的监控，可以通过养殖管理系统，科学合理地对养殖水质状况、养殖密度、饲料投喂量等各种养殖参数进行比较分析，根据结果采取精准管理方案。

（三）监控水产品的加工处理

物联网技术能根据标准对养殖产品的生产、加工、销售、运输等过程进行全方位跟踪。该技术主要通过在产品包装上加标签代码，利用标签代码查询系统使人们了解产品的各项信息。消费者在购买产品时，只用拿出手机扫描二维码就能了解产品的各项生产信息，包括生产地、产品批次号生产日期、保质期、联系方式等。现代渔业发展的主要趋势便是将物联网技术应用于水产养殖中，可以保护养殖生态环境，提高劳动生产效率。但当前，物联网技术作为一项新兴技术，尚且没有完全成熟，正处于摸索阶段。

二、水产养殖业中物联网技术的应用策略

水产养殖物联网系统工作流程（图 5-3-1），该系统主要由水质监测传感器和远程调控设备组成。其中，水质监测传感器包括光照传感器、温度传感器、溶解氧传感器、pH 传感器和氨氮传感器。通过传感器向水质监测系统发出信号，一旦发现数据异常，系统会向用户手机或者计算机发出警告提醒。远程调控设备是指用户通过手机、计算机终端设置光照、温度、溶解氧、pH 和氨氮控制系统相关参数，使水质数据恢复正常。

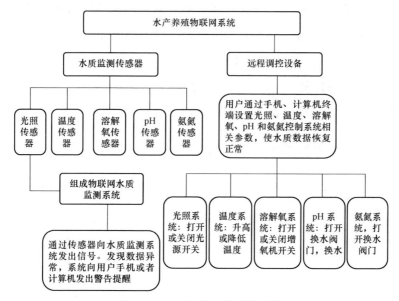

图 5-3-1　水产养殖物联网系统

（一）在光照系统中的应用

对于鱼类来说，从仔稚鱼、幼鱼到成鱼等不同的生长发育阶段均会受光照影响。过强和过弱的光线均会对鱼类的生长发育产生不良影响。方景辉等人研究表明，除营养成分和体能值外，光照强度可显著影响许氏平鲉幼鱼的生长、摄食、消化率和饵料转化率等。

物联网光照系统可以通过传感器将环境信息传递到监测系统，终端计算

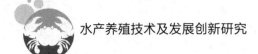

机会自动计算出养殖水体所需的光照强度，以满足水生动物的健康生长需求。当水质监测器发现光照强度异常时，会发出警报，养殖户可以控制光源系统的打开或关闭来调节光照强度。

（二）在温度系统中的应用

温度可以直接影响水产动物的生长、摄食和繁育等生命活动，是水产养殖中重要的养殖参数之一。温度过高或过低，均会导致缺氧、病害冻害等一系列问题的发生。

物联网温度控制系统，可以智能实时监测养殖水体、池塘和养殖环境中的温度。当温度超过设定区间时，监测系统会发出异常信息警报。养殖户接收到异常信息提示后，可以通过手机终端调整温度设置参数，提高或降低养殖水体温度。当水温恢复正常值时，系统会自动关闭。在实际生产中，温度监测系统往往对低温预警发挥着更为重要的作用，可以有效防止低温冻害发生。

（三）在溶解氧气系统中的应用

当水中溶解氧浓度超过设定区间时，监测系统将会发出异常信息警报。养殖户接收到异常信息提示后，如果发现水中溶解氧浓度降低，可以通过手机终端打开增氧机来增加水中的溶氧量，待溶解氧恢复正常时关闭阀门，以满足水生动物生长所需。

（四）在 pH 系统中的应用

水产养殖要维持在适宜的 pH 范围内，才能保证水生动物正常发生长育，pH 过高或过低均会对水生动物产生不良影响。

水体 pH 监测系统大多数采用玻璃电极传感器，可以实现水体中 pH 的实时在线监测。在这一过程中，原电池的负极是饱和甘汞电极，电路中的正极是玻璃电极，通过对两端电势差的测量来确定水体的水质。当 pH 传感器探测到水体 pH 超过正常范围时，通过手机终端打开进水口阀门进行换水，pH 恢复正常时关闭进水阀门。

（五）在氨氮系统中的应用

水生动物的排泄物、未消耗的饲料、肥料、沉积物等均会导致水体中的氨氮超标。水体中的氨氮主要以游离氨和氨离子形式存在，对水生生物危害较大的主要是非离子氨。通过物联网氨氮传感器实时监测、采集水体的氨氮数据，发出异常预警，及时提醒养殖户对养殖水体清洁、换水，或者采用物理、化学等方式可以有效避免氨氮污染水体和影响水生生物生长。

第四节　生态养殖技术在水产养殖业中的应用

一、水产生态养殖的含义

作为一种全新的养殖技术，生态养殖不同于传统的人工养殖技术，无需投放药物和肥料即可生产出环保、绿色的水产品，即利用养殖区域的自然循环体系与不同生物的共生互补关系，实现养殖效益的提升和生态环境的平衡。传统的水产养殖多是以人工处理为主，无法达到水产养殖全面管理的要求，极易导致水产品出现病害，降低水产品的产量和质量，甚至造成环境污染、生态失衡的后果。在水产养殖中应用生态养殖技术，通过人的主观能动性的发挥来合理改造大自然，从而有效解决相关养殖问题，提高水产品的质量和产量。与传统养殖技术相比，生态养殖技术更加注重整体养殖环境的创设、绿色养殖原则的落实以及养殖产品的优化选择。

二、水产生态养殖技术的类型

（一）生态工程技术

生态工程技术在水产养殖中的应用，主要是基于管理流程和生态资源管理理念，且非常符合农场区域特征的文化系统和生态系统发展的理念。在水

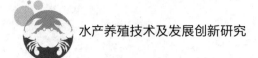

产养殖过程中整个水产养殖系统以生态食物链为基础进行生态养殖，并且通过生态工程技术将水体中的生物分为水生生物、绿色生物和白色生物，白色和绿色植物可以为水产品的生长提供食物，种植本地的植物，如三叶草和芦苇等，可以降低育种成本。将生态工程技术应用于水产养殖可以创造良好的生态系统，能够提高水体的生态稳定性，降低水产养殖成本。

（二）水式生产生态养殖技术

水式生产生态养殖技术在我国水产养殖中得到了广泛应用，尤其是在水产养殖环境恶化的情况下，该技术可用于三级清洁。水式生产生态养殖技术可以净化天然池塘、大型池塘、河流和其他水体中的水，以解决水质问题。由于缺乏环保意识，许多地区在经济发展过程中严重污染了水资源。因此，水产养殖应当净化水环境，改善水质。在使用水式生产生态养殖技术中，通过添加特殊微生物，可以改善养殖场的水质，有效加快水产品的生产速度，提高水产养殖经济效益。

（三）稻田水产生态养殖技术

在水产养殖中，还可以利用稻田养殖技术来增加水产品的数量和农民的收入。水稻种植可以有效扩大养殖面积，提高土地资源利用效率。水稻的生长可以改善水质，鱼类的生长可以帮助清除水稻害虫，鱼类粪便可以成为水稻生长的营养物质。互利共存，节约成本，可以提高农民的经济效益。值得注意的是，我国的生态系统比较简单，对病毒和自然生态不利因素的抵抗力也比较低。为了保证水产养殖的质量，农民和有关部门应更加重视水产动物疾病的防治。

三、水产养殖中生态养殖技术的应用策略

（一）构建完善的水产养殖生态系统

为了稳定健康地发展水产养殖业，相关人员必须科学、认真地对生态环

境进行分析。在自然环境中，不同的生态系统之间存在着一定的关系和约束，但是在水产养殖生态系统中，主要是依靠水产品进行生态建设，只有通过水生生物的相互作用才有可能创造一个完整的生态系统，因此水产养殖应与其他生物相结合，并且以生物循环为基础，确保水产养殖在完整的生态系统中健康稳定发展。除此以外，在建设生态系统时，还需要考虑很多其他方面，例如，如果水中没有氧气，水生生物就无法生存，因此，绿色植物必须产生氧气供给水生生物，同时通过光合作用吸收空气中的二氧化碳，使水质变得更好。此外，水生生物排放的废物可以在植物生长过程中转化为营养肥料，植物在吸收养分的过程中，会破坏排放的废物，实现生态循环，建立完整的生态系统，使水产品在健康的生态环境中生长，增加水产养殖收入。

（二）优化水产养殖体系

水产养殖部门根据多年的养殖经验对水产养殖阶段的水产品制定了严格的含氧量和环境温度标准，在水产养殖过程中相关技术人员必须采用科学合理的技术方法，遵守水产品养殖的标准，因地制宜地开展工作。例如，白天光照很强，绿色植物通过光合作用获得了大量氧气，技术人员应根据需要及时调整养殖区域的含氧量；夜晚光照较弱，绿色植物无法获得光，制造的氧气不能满足养殖区内水生生物对氧气的需求，从而导致水生生物死亡，技术人员应采取人为措施增加夜间的含氧量，如设置气溶胶等制氧装置，生产适量氧气，使养殖区域内的含氧量达到水生生物规定的标准，确保水产品在健康的生态环境中生长。

（三）创造优良的水产养殖环境

1. 养殖地理位置选择

地理位置的选择是任何一个水产养殖场在经营过程中都需要解决的一个重要问题，可以选择已有水体或者人工开挖的新池塘，所选择的养殖位置必须靠近交通要道，便于水产品的日常运输和销售；周边没有污染企业和被

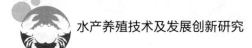

污染的土壤，土壤要具有良好的保水保肥能力。所选择的池塘或者人工开挖的水体，对其承载能力要进行精确计算，据此确定养殖规模和水域面积，对自然水体要先检测其水质状况，确保其是否符合生态养殖的标准和要求。

2. 养殖水域的水质调节

水质调节是生态养殖技术应用于水产养殖中的一个非常重要的环节，在水质调节的过程中，既要模拟自然环境之下的水质特性，又要根据养殖区域的实际需要，确定水质的具体标准和要求。同时，还要根据不同水产品的生长需要进行调整。在这一过程中需要注意以下几点：（1）在放养之前必须对堂口部位进行消毒，在水质调节方法上尽量选择生物法进行调节，适当使用生物制剂，最大程度保证水质调节目标的实现。（2）通过投放菌类或水草类，模拟自然环境下的水体水质，在选择水草的过程中要根据养殖水产的种类进行选择，严格控制水草的数量和种类，坚持适度投放的基本要求，菌类选择要根据水质的实际情况进行投放，同时要考虑对水质及含氧量的影响，所选的菌类要与周边自然环境中的菌类保持一致，对菌类的数量也要进行严格的控制。在水产养殖过程中要对水质进行定期检测，发现水质存在问题，要及时地进行调节，要将水质调节贯穿于整个水产养殖过程中。

（四）科学防治疾病

首先，疾病的预防和治疗应基于共生原则。水环境是一个小生态系统，保持生态系统之间的平衡有助于减少疾病。例如，水中的浮游生物是分解者，水生植物是氧气生产者，水产品是消费者，这3种元素是维持水环境生态平衡的共生体。因此，在水产养殖过程中应坚持共生原则，以确保水生生态系统的稳定性和可持续性。例如，农业区的细菌主要以饲料残渣和鱼粉为食，如果不清除水中的食物垃圾和粪便，大量细菌就会繁殖，影响水的生态环境，增加患病的概率。水产养殖必须适应水域管理，分解废物和粪便，排放一定量的浮游生物。可以实行人工净化水质措施，以维持水生态系统的正常运行。

其次，根据混合营养的原则，预防和治疗疾病。水产品的发病率与品种数量成反比，要将数量控制在合理范围内，提高水产养殖效率和产量。一些产品可能是影响水环境中其他生物的天敌，从生态学的角度来看，人类生存的基本原则是增强水产品的可持续性和生命力。

最后，科学合理地使用药物。养殖过程中若出现了疾病，且无法通过水域环境的自循环加以排解，就必须及时使用药物，对疾病进行控制，防止疾病大规模传播。生态养殖对药物的使用限制十分严格，各种疾病有对应的药物，掌握某些常见疾病的发生情况，在疾病暴发时，要按照规定使用药物，不能过度用药。最好选择一些低毒、高效的药物，精准控制用量，在短时间内提高药物防治效果，既不会对水域环境造成影响，也不会造成药物残留。

参考文献

[1] 蔡生力. 水产养殖学概论 [M]. 北京：海洋出版社，2015.

[2] 刘焕亮. 水产养殖学概论 [M]. 青岛：青岛出版社，2000.

[3] 翟林香，陈军. 水产养殖技术概论 [M]. 北京：科学出版社，2013.

[4] 赵文，魏杰. 水产养殖学 [M]. 大连：大连出版社，2020.

[5] 杨先乐. 水产养殖水色及其调控图谱 [M]. 北京：海洋出版社，2022.

[6] 湖北省水产局. 水产养殖技术手册 [M]. 武汉：湖北科学技术出版社，2018.

[7] 温安祥. 特种水产养殖实用技术 [M]. 成都：四川科学技术出版社，2017.

[8] 徐卫国. 嘉兴特色水产养殖技术 [M]. 北京：中国农业大学出版社，2017.

[9] 黄燕华. 水产养殖实用技能 [M]. 广州：中山大学出版社，2012.

[10] 赵文，李华. 水产养殖基础 [M]. 沈阳：东北大学出版社，2010.

[11] 杨春雷，成波. 现代物联网技术在水产养殖信息化建设工作中的应用 [J]. 机械制造与自动化，2022，51（05）：130-132.

[12] 徐家利. 人工智能在水产养殖中研究应用分析与未来展望 [J]. 现代农业研究，2022，28（09）：103-105.

[13] 梁月枝. 水产健康生态养殖发展面临的问题及对策 [J]. 畜牧兽医科技信息，2022（08）：240-242.

[14] 赵越，张平. 水产养殖环境污染及其控制对策 [J]. 农业灾害研究，

2022，12（08）：161-163.

[15] 罗实亚.水产养殖废水处理技术及应用［J］.河北农业，2022（08）：91-92.

[16] 林演华.生态养殖技术在水产养殖中的应用分析［J］.养殖与饲料，2022，21（08）：81-83.

[17] 叶永庆.水产养殖技术推广中存在的问题及其对策［J］.南方农业，2022，16（14）：111-113.

[18] 桑任辉.水产养殖中生态养殖技术的应用［J］.农家参谋，2022（12）：153-155.

[19] 莽琦，徐钢春，朱健等.中国水产养殖发展现状与前景展望［J］.渔业现代化，2022，49（02）：1-9.

[20] 陈洋.简析水处理技术在水产养殖中的应用［J］.资源节约与环保，2022（03）：23-25+29.

[21] 叶晓毅.基于声信号处理的水产养殖生物行为监测研究［D］.厦门：厦门大学，2021.

[22] 杨旭.克氏原螯虾不同养殖模式的环境效率比较研究［D］.武汉：华中农业大学，2020.

[23] 王瑞宁.淡水鱼养殖池塘环境特征及调控技术研究［D］.上海：上海海洋大学，2020.

[24] 耿君尧.南美白对虾不同养殖模式下的经济效益分析［D］.上海：上海海洋大学，2019.

[25] 茆毓琦.基于大数据技术的智慧水产养殖系统研究［D］.青岛：青岛科技大学，2018.

[26] 宋剑文.智能水产养殖系统的预测预警技术研究［D］.海口：海南大学，2018.

[27] 薛盛友.物联网水产养殖数字化工厂监控系统［D］.大连：大连工业大学，2016.

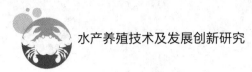

［28］ 蔡加豪. 基于物联网的水产养殖监控系统的设计与研究［D］. 长沙：湖南师范大学，2016.

［29］ 江云. 水产养殖废水生物净化技术研究［D］. 扬州：扬州大学，2013.

［30］ 蒋高中. 20 世纪中国淡水养殖技术发展变迁研究［D］. 南京：南京农业大学，2008.